水科学博士文库

*River Habitat Protection
and Restoration*

河流栖息地保护
与修复

林俊强　彭期冬 等　著

中国水利水电出版社
www.waterpub.com.cn

·北京·

内 容 提 要

本书围绕水电开发中河流栖息地保护所面临的问题，介绍了河流栖息地保护与修复的相关概念、河流栖息地保护与修复的顶层设计及河流栖息地特性调查与模拟分析方法，阐述了河流栖息地保护适宜性评价理论与方法，并分别从宏观和微观层面介绍了实际案例。

本书可供从事河流栖息地保护与修复研究的科研工作者借鉴，也可供相关专业高校师生参考。

图书在版编目（CIP）数据

河流栖息地保护与修复 / 林俊强等著. -- 北京：
中国水利水电出版社，2019.9
（水科学博士文库）
ISBN 978-7-5170-7939-2

Ⅰ．①河… Ⅱ．①林… Ⅲ．①河流环境－栖息地－生态环境保护－研究 Ⅳ．①X143②Q14

中国版本图书馆CIP数据核字(2019)第186533号

书　　　名	水科学博士文库 **河流栖息地保护与修复** HELIU QIXIDI BAOHU YU XIUFU	
作　　　者	林俊强　彭期冬　等 著	
出 版 发 行	中国水利水电出版社 （北京市海淀区玉渊潭南路 1 号 D 座　100038） 网址：www. waterpub. com. cn E - mail：sales@ waterpub. com. cn 电话：(010) 68367658（营销中心）	
经　　　售	北京科水图书销售中心（零售） 电话：(010) 88383994、63202643、68545874 全国各地新华书店和相关出版物销售网点	
排　　　版	中国水利水电出版社微机排版中心	
印　　　刷	北京瑞斯通印务发展有限公司	
规　　　格	170mm×240mm　16 开本　11.75 印张　170 千字	
版　　　次	2019 年 9 月第 1 版　2019 年 9 月第 1 次印刷	
印　　　数	0001—1000 册	
定　　　价	**80.00 元**	

前言

　　河流是自然界的重要生态系统，是维持地球生命的"蓝色动脉"。河流是人类社会生存和发展的发源地，与人类文明、文化和历史息息相关。人类不仅傍河而居，而且开发利用河流。拦河筑坝、修建水利水电工程，是人类开发利用河流的主要方式。水利水电工程可为人类提供防洪、发电、供水、灌溉、航运等诸多兴利功能，但也会带来部分生态环境问题。例如，大坝拦断了河流原有的、连续的物质、能量、信息交流通道，破坏了河流的纵向连通性，促使鱼类栖息地破碎化，影响鱼类洄游和基因交流；水库调蓄作用改变了河流原有的水文节律，径流过程坦化、洪水脉冲消失，导致河流鱼类所需的水流刺激条件减弱，繁殖规模下降；水库清水下泄，坝下河道受到冲刷，导致水沙过程失衡，沙洲、边滩、河口三角洲等栖息地萎缩；水库低温水下泄和水温迟滞现象，影响下游鱼类及河流周边作物的正常生长繁殖等。近年来，我国水利水电事业取得了巨大的成就，目前水电开发规模、工程建设水平已居世界前列，但是水电开发引起的生态环境问题仍较为突出，已成为制约我国水电可持续发展的主要因素之一。如何协调水电开发与生态环境保护之间的矛盾，如何顶层设计、有序修复和保护河流，如何应用先进手段制定河流修复和保护方案，如何在干流、支流之间寻求最佳的开发和保护格局，是我国水电可持续发展与河流栖息地保护的关键问题。

　　本书主要针对水电开发中河流栖息地保护与修复的一些关键问题开展理论与实践研究，旨在从顶层设计和实践操作等不同角度，为读者阐述河流栖息地保护与修复的一些规划设计理念、关键技术和实践案例。

本书共7章。第1章绪论，主要介绍本书的研究背景和意义，梳理了国内外河流栖息地保护与修复的实践和发展。第2章河流栖息地保护与修复的相关概念，介绍了河流连续体，河流的四维连续体特征，水电开发对河流的影响，河流干流与支流的关系，以及河流开发与保护的矛盾。第3章河流栖息地保护与修复的顶层设计，从宏观战略的角度，提出受损河流尤其是受水电开发影响河流的栖息地生态现状评价与胁迫因子识别、生态修复基点和修复目标的确定、生态修复规划的制定、生态修复措施的实施、修复后适宜性管理与技术推广等关键技术建议。第4章河流栖息地特性调查与模拟分析方法，介绍了河流栖息地调查方法和栖息地模拟分析方法。第5章河流栖息地保护适宜性评价理论与方法，主要从流域生态系统角度出发，介绍了基于模糊相似理论的河流栖息地相似性分析方法，提出了一套针对水电开发中河流栖息地保护筛选和择优的关键评价技术。第6章案例应用，主要介绍了3个实际案例：第1个案例是应用河流栖息地特性调查方法，实测分析了四大家鱼宜都产卵场在生态调度期间的水动力特性；第2个案例是应用河流栖息地的模拟分析方法，构建了中华鲟葛洲坝坝下产卵场的三维精细模型，分析了产卵场各功能分区的水动力特性；第3个案例是应用河流栖息地保护适宜性评价方法，评价了长江上游赤水河作为金沙江干流水电开发保护栖息地的适宜性。第7章结论与展望，介绍了本书的主要研究结论，提出了今后的研究方向。

本书第1章由林俊强、彭期冬撰写；第2章由林俊强、彭期冬撰写；第3章由林俊强、樊博、钱龙、姚丹撰写；第4章由刘雪飞、张迪撰写；第5章由林俊强、靳甜甜、吴赛男撰写；第6章由林俊强、柏海霞、庄江波、李岩桃撰写；第7章由林俊强撰写。全书由林俊强和彭期冬统稿。

本书的写作得到了国家重点研发计划项目课题"可持续水电设计与运行（2016YFE0102400）"，国家自然科学基金"长江中游四大家鱼产卵场定位及特征研究（51579247）""弯道沙洲对'四大家鱼'鱼卵运动的影响机理研究（51409280）""漂流性鱼卵生态属性和漂移轨迹的量化响应关系研究（51509262）"，以及中国水利水电科学研究院基本科研业务费专项项目（SD0145B162017）的资助。

　　本书研究内容涉及水力学、水环境学、水生态学、水文学等诸多学科，研究的问题为本领域的前沿和热点问题。由于很多问题还在研究探讨中，书中一些观点、研究成果可能还不成熟，不当之处敬请同行专家和广大读者批评指正。希望本书能对推动我国水电开发中河流栖息地的保护，尤其是鱼类栖息地保护理论与技术水平的发展，以及我国水电可持续发展和河流生态保护有所贡献。

作者

2019 年 3 月

目录

第1章 绪 论

1.1 背 景 和 意 义

水电开发是人类合理利用水能资源的重要手段。我国河流众多，水能资源丰富，理论蕴藏量达到 6.08 亿 kW，技术可开发装机容量达到 5.42 亿 kW（郑守仁，2007）。20 世纪 90 年代以来，我国水能资源开发突飞猛进，长江三峡、黄河小浪底、雅砻江二滩、清江水布垭、澜沧江小湾、金沙江下游向家坝、溪洛渡等一批世界级大型水电工程相继建成。截至 2016 年年底，我国常规水电装机容量达 30696 万 kW，占全国能源装机容量的 18.6%，占非化石能源装机容量的 51.6%，水电开发规模稳居世界第一（《全球水电行业年度发展报告 2017》，中国水利水电出版社）。

水利水电工程在发挥防洪、发电、供水、灌溉、航运等兴利效益的同时，也不可避免地对水生生态、陆生生态、水环境、社会环境等造成一定的影响。这些影响有的是短期的、暂时的和可恢复的，有的是长期的、累积的和不可恢复的，特别是对鱼类等水生生物的影响，是水利水电工程的主要不利影响之一。水利水电工程对鱼类的不利影响表现在多个方面，例如，大坝阻隔破坏了河流的纵向连通性，导致鱼类栖息地破碎化，影响鱼类洄游和种间基因交流；坝上水库淹没导致库区鱼类产卵场消失；水库清水下泄，坝下长距离河道受到冲刷，导致栖息地地形、面积和质量受到影响；大坝抬升河道水位形成水库，改变了河流水体的热动力条件，引起库区和下游河道水温结构和水温情势的变化，影响河流鱼类及水生生物的正常生长繁殖；水库拦蓄改变了河流原有的水文节律，径流坦化、洪水脉冲消失，导致河流鱼类所需的水流刺激条件减弱，繁殖规模下降等。

近年来，随着我国生态文明建设的不断深化，水电开发中的生态环保问题越来越引起人们的关注，也成为制约我国水电可持续发展的重要因素之一。为了减缓水电工程对鱼类等水生生物的不利影响，修复和保护河流生态系统，国内有关行业、部门、科研院所和高校都在积极开展相关理论研究和实践工作。但是，迄今为止，学术界和工程界对水电工程生态环境影响的科学认知还不够深入，对协调水电开发与生态环境保护的关系还缺乏统筹布局，对水电开发中河流生态修复与保护实践还缺乏足够的理论支撑。例如，筑坝河流如何从顶层角度规划设计、有序开展生态修复与保护工作；修复工作开展前期如何科学调查、系统摸底；修复方案如何借助现代数学模型进行情景再现与模拟分析；大型水电开发中，如何放眼于流域，寻求干支流之间最佳的开发与保护格局；如何在干流开发时，筛选和规划适宜支流进行重点保护等。为此，本书结合多年的工作经验，系统梳理和归纳总结了水电开发中河流栖息地保护与修复的理论和实践案例，以期为我国水电可持续发展、筑坝河流的生态修复与鱼类栖息地保护等生态环保工作提供理论参考和技术借鉴。

1.2　国内外河流栖息地保护与修复的实践和发展

河流栖息地的生态修复是指通过适度人工干预，使河流生态系统恢复到较为自然状态，即修复受损河流的物理、生物和生态过程，使其较目前状态更加健康、稳定和可持续，同时提高河流生态系统价值和生物多样性。20 世纪中叶以来，西方发达国家开始意识到人类活动对河流生态系统造成的损害，陆续开展河流生态修复的相关理论研究和实践工作。1965 年德国 Ernst Bittmann 在莱茵河用芦苇和柳树进行了生态护岸实验，实现了对河流结构的修复。这可以看成是最早的河流生态修复实践（陈兴茹，2011）。20 世纪60 年代起，欧洲多国开始实施有效的污染控制，欧洲河流水质得以明显改善，但河流的栖息地质量、生物多样性状况依然不容乐观

（王薇 等，2003）。1972年，美国颁布《清洁水法》，有效控制了河流的点源污染问题。然而，单纯的水质污染治理并不能有效再造生物栖息环境、恢复生物多样性（钱正英 等，2006），人们必须重新审视传统的河流管理技术。20世纪80年代，德国、瑞士等国提出"重新自然化"概念，将河流修复到接近自然的程度（王文君 等，2012）。自此，欧洲开始兴起河道复原工程，即将原来裁弯取直的河道通过堵直复弯恢复成弯曲自然河道。20世纪90年代，美国进一步开展拆除废旧堰坝恢复河流生态的工作，1999—2003年，拆除位于小支流上的病险水坝168座，拆坝后大多数河流生态环境得以恢复，尤其是鱼类洄游通道、生存环境得到改善（杨小庆，2004）。早期河流生态修复的实践活动主要集中在局部河段、单一河流，以及河流水质、结构形态或连通性等单一方面的修复。随着理论研究和实践探索的逐渐深入，河流生态修复已从单纯的结构性修复发展到整个系统结构、功能与动力学过程的综合修复（Clark等，2003），生态修复的范围也从河道本身向河漫滩、河岸带延伸（Brookes等，1997），生态修复的尺度则从局部河段、单一河流，扩展到河流廊道和整个流域（董哲仁 2006）。例如，莱茵河保护国际委员会（ICPR）提出的"莱茵河行动计划"，在流域生态修复思想的指导下，莱茵河沿线各国投入数百亿美元用于治污和生态系统重建，采取了包括建设污水处理厂、改善河道水体水质、建设人工湿地、恢复沿河植被、增建鱼道或改建鱼道、清除河道中妨碍鱼类上溯的建筑物、保护鱼类产卵场、引入大西洋鲑鱼种、为洄游鱼类制定专门的调度方案等多种技术手段（Neumann 等，2002；董哲仁，2003）。经过多年行之有效的综合生态修复，2000年莱茵河全面实现了预定目标，沿河植被茂密、湿地发育、水质清澈、鲑鱼等鱼类、鸟类和两栖动物重返莱茵河，成为河流生态修复的典型成功案例。20世纪90年代起，欧美发达国家已经启动长期河流生态修复规划，例如美国已经开始推进基西米河、密西西比河、伊利诺伊河、凯斯密河、密苏里河等流域的整体生态修复，并规划了长达20年的60万km河流修复计划（王文君 等，2012）；丹麦自1985年起开始分阶段对斯凯河实施 3 类生态修复（类型Ⅰ：滩地、深潭的构造、鱼类产卵场的改善等小规模、局部性环境改善；类型Ⅱ：河道内跌水的改善、鱼道的设置、恢复河流连续性等；类型Ⅲ：恢复河道及其平原地带的生态、理化功能，恢复原来河道的弯曲形式，在冲积平原地带进行湿地再造等），1985—1996 年进行大量类型Ⅰ和类型Ⅱ的修复，1997 年至今进行类型Ⅲ的修复，从点到线，再从线到面，以流域为单位进行规划，有序推进河流生态修复（丁则平，2002）。图 1.2-1 所示为国外河流栖息地保护与修复的发展历程。

图 1.2-1　国外河流栖息地保护与修复的发展历程

我国对河流生态修复的认知始于 20 世纪 90 年代末。2000—2005 年为我国河流生态修复理念的萌芽阶段，该阶段的研究工作主要是学习国外河流治理的管理理念和生态修复的技术成果，并形成针对我国河流现状、治理目标及面临问题的学术见解（陈兴茹，2011）。其中，比较有代表性的有1999年刘树坤提出的"大水利"理论框架，该理论认为河流的开发应强调流域的综合整治与管理，同时注重发挥水的资源功能、环境功能和生态功能，并详细介绍了日本在河流开发与管理方面的理念、对策以及生态修复的思路、步骤、方法和措施等（刘树坤，2002，2003）；2003年董哲仁提出的"生态水工学"概念和相关理论，分析了以传统水工学为基础的治水工程的弊病和对河流生态系统的不利影响，认为在水利工程设计中应结合生态学原理，充分考虑野生动植物的生存需求，保证河流生态系统的健康（董哲仁，2003）。这些早期的理念引进、理论探讨和治理框架构建为我国后续河流生态修复的实践活动奠定了坚实基础。2004年，水利部印发了《关于水生态系统保护与修复的若干意见》（水资源〔2004〕316号），首次从国家部委层面提出了水生态保护与修复的指导思想、基本原则、目标和主要工作内容，标志着国家水生态保护与修复意识的全面觉醒。2005年至今，我国河流生态保护与修复工作进入快速发展阶段，河流生态保护与修复实践活动在全国遍地开花。2005—2015年，水利部在全国范围内先后启动了无锡、武汉、桂林、莱州、丽水、新宾县、凤凰县、松原、邢台、西安、合肥、哈尔滨等多个城市不同类型水生态系统的保护与修复试点。2013年起，水利部大力推动水生态文明建设，先后启动两批共105个全国水生态文明城市建设试点，通过打通断头河、连通水系、调水补水、生态护岸、污染沟道治理等多种措施，改善河流生态功能。2014年，环境保护部印发《关于深化落实水电开发生态环境保护措施的通知》，要求深化落实水电站生态流量泄放措施、下泄低温水减缓措施、栖息地保护措施、过鱼措施、鱼类增殖放流措施和陆生生态保护措施，对受水电开发影响河流的生态保护与修复工作提出了明确的具体要求。近十年来，大型水电企业也开始转变水电站运行管理模式，积极采取各类生态环保措施减缓和修复水电站对河流生态的不利影响。例如，中国长江三峡集团（简称三峡集团）公司自2011年至今，通过三峡水库的人造洪峰调度，连续 8 年实施针对四大家鱼自然繁殖的生态调度试验，有效促进了四大家鱼的产卵繁殖活动；2017 年，溪洛渡水库通过操作叠梁门取上中层水的方式，调节出库水温，促进产黏沉性卵鱼类（如达氏鲟、胭脂鱼等）的产卵繁殖；2014 年，三峡集团与四川省凉山州签订黑水河鱼类栖息地保护责任框架协议，将金沙江支流黑水河作为乌东德、白鹤滩水电站鱼类替代栖息地予以保护。华能澜沧江水电有限公司于 2012 年收购并拆除澜沧江上游支流基独河的四级电站，以保护云南裂腹鱼等珍稀鱼类栖息地，通过河流连通性恢复、河流蜿蜒形态多样性修复、河流横向断面多样性修复、浅滩-深潭结构营造、人工湿地修复、河道内部栖息地强化修复等多种工程措施，恢复支流的自然生态和鱼类栖息地环境（芮建良 等，2013）。图 1.2-2 所示为我国河流栖息地保护与修复的发展历程。

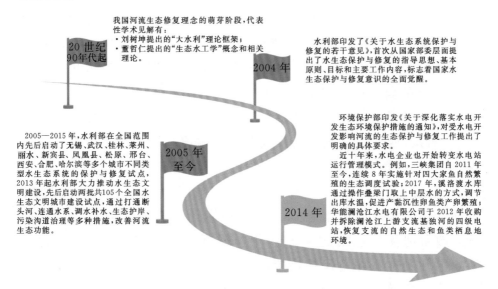

图 1.2-2 我国河流栖息地保护与修复的发展历程

1.3 研 究 内 容

本书分为 7 章，具体内容如下：

第1章绪论：主要介绍本书的研究背景和意义，梳理了国内外河流栖息地保护与修复的实践和发展，并简要介绍了本书内容概况。

第2章河流栖息地保护与修复的相关概念：主要介绍了河流连续体概念及河流四维特征，梳理了水电开发对河流水文、水动力条件、水温分布、水质、阻隔鱼类洄游通道、导致栖息地破碎化等方面的影响，分析了河流干、支流的关系，以及河流保护与开发的矛盾。

第3章河流栖息地保护与修复的顶层设计：主要从宏观战略角度，针对受损河流，尤其是受水电开发影响的河流，提出"生态现状评价与胁迫因子识别→生态修复基点和修复目标确定→生态修复规划制定→生态修复措施实施→修复后适宜性管理与技术推广"这一流程的河流生态修复顶层设计思路，并结合国内外研究成果和实践经验详细阐述其中的关键技术流程和实施建议。

第4章河流栖息地特性调查与模拟分析方法：主要介绍了河流栖息地调查的常规内容和方法，包括水文调查、水质调查、河流地形流场调查、生物调查等，在此基础上分析了栖息地调查方法的尺度和应用局限性。为了克服这些局限性，本章介绍了栖息地模拟分析方法，包括大尺度准三维模拟方法和局部三维精细模拟方法，这些方法可为河流修复工作的前期科学调查和修复方案的情景模拟提供技术支持。

第5章河流栖息地保护适宜性评价理论与方法：主要从流域生态系统角度出发，凝练了河流栖息地保护的内涵和目标，从影响鱼类生存繁殖的直接因子和间接因子出发，系统梳理了栖息地保护的环境要素，在此基础上构建了河流栖息地保护的适宜性评价指标体系，应用相似系统论提出了基于模糊相似理论的河流栖息地的相似性分析方法，形成了一套针对水电开发中河流栖息地保护筛选和择优的关键评价技术。

第6章案例应用：主要介绍了3个实际案例。第1个案例是应用河流栖息地特性调查方法，实测分析了四大家鱼宜都产卵场在生态调度期间的水动力特性；第 2 个案例是应用河流栖息地模拟分析方法，构建了中华鲟葛洲坝坝下产卵场的三维精细模型，分析了产卵场各功能分区的水动力特性；第 3 个案例是应用河流栖息地保护适宜性评价方法，评价了长江上游一级支流赤水河作为金沙江干流水电开发保护栖息地的适宜性。

第 7 章结论与展望：介绍了本书的主要研究结论，提出了今后的研究方向。

第 2 章　河流栖息地保护
与修复的相关概念

2.1　概　　述

本章主要介绍了河流连续体概念及河流四维连续体特征，梳理了水电开发对河流水文、水动力条件、水温分布、水质、阻隔鱼类洄游通道、导致栖息地破碎化等方面的影响，分析了河流干、支流的关系以及河流保护与开发的矛盾，为河流栖息地保护与修复的理论和实践提供一些基础概念。

2.2　河　流　连　续　体

Vannote 等（1980）提出河流连续体概念（River Continuum Concept，RCC），认为从源头集水区的第一级河流起，向下流经各级河流流域，形成一个连续的、流动的、独特而完整的系统，这个系统即为河流连续体。这种由上游诸多小溪直至下游河口组成的河流系统的连续性，既包括地理空间上的连续性，也包括生态系统中生物学过程及物理环境的连续性。按照河流连续体理论，从河流源头到下游，河流的宽度、深度、流速、流量、水温等物理变量具有连续变化特征，生物体在结构和功能方面与物理体系的能量耗散模式保持一致，生物群落的结构和功能会随着动态的能量耗损模式作出实时调整。可见，河流在空间结构、生物组成和时间尺度上是一个连续的整体。Ward 等（1989）将河流连续体概念进一步发展为具有纵向、横向、垂向和时间尺度的河流四维连续体（详见2.3 节）。

2.3　河流的四维连续体特征

河流生态系统的结构是指系统内各组成因素（生物组分与非生物环境）在时间、空间上相互作用的形式和相互联系的规则。正是依靠这种结构，河流生态系统能保持相对的稳定性，在外界的干扰下产生恢复力，维持生态系统的可持续性（董哲仁 等，2007）。具体而言，河流生态系统具有特定的时间结构特征和三维空间结构特征。

2.3.1　时间结构特征

河流生态系统始终处于动态变化的过程中。河流的栖息地要素具有随时间变化的特点：光照和水温具有昼夜变化和季节变化的特性；河流的水文情势反映的正是河流流量在时间尺度上的变化性；其他栖息地条件，如溶解氧、营养盐、pH 值等也都不是一成不变的；河流地貌则是在更长的时间尺度上逐步发生冲淤、裁弯等演变过程。

水生生物的生命活动及群落演替也会对栖息地条件的昼夜、季节和年际变化作出动态的响应。例如，浮游动物受到光照、水温或饵料等栖息地条件昼夜变化的影响，表现出昼夜垂直迁移的现象：①大多数种类白天在水体深层，晚上上升到表层；②有的种类傍晚和拂晓在表层，其他时间在深水层；③少数种类白天在表层，晚上在深水层（张武昌，2000）。浮游植物的季节演替现象也非常显著。以长江流域的沅江为例，浮游植物生物量和多样性指数冬季最高，夏季最少；种类组成和密度秋季最大，夏季最小（刘明典 等，2007）。鱼类的生命活动也具有明显的季节性变化的特点，例如，长江中游的四大家鱼成鱼一年内的生命活动分为生殖洄游期、繁殖期、索饵洄游期和越冬期。河流生态系统如自然界的许多事物一样，具有发生、发展和消亡的过程，表现出特有的演化规律。

河流生态系统的时间结构既有一定的周期性，也有较大的随机性。随着时间的推移，栖息地和生物的昼夜和季节变化呈现出一定的规律性，但是不可预知的干旱、洪涝、高温、寒冻等极端水文、气候事件又给生态系统结构的不断演变注入了新动力。

2.3.2 空间结构特征

一条完整的河流是从源头开始，流经上游、中游、下游，最终到达河口的连续整体。这种连续性不仅表现在地理空间上，而且也表现在生物群落及非生物环境上。换言之，下游的生态过程与中游息息相关，中游的生态过程与上游也息息相关。河流生态系统在纵向、横向和垂向三个空间方向上表现出各自不同的特征。

（1）纵向上：从源头到河口，河流的物理、化学、地貌和生物特征均发生一定的变化。生物物种和群落随着上游、中游、下游河道栖息地条件的连续变化而不断进行调整和适应（Vannote 等，1980）。纵向结构的典型特征是河流栖息地条件的异质性，主要表现为：①在河流廊道尺度上，河流大多发源于高山，流经丘陵，穿过平原，最终到达河口。上游、中游、下游所流经地区的气候、水文、地貌和地质条件等有很大差异，从而形成上游河道较窄、坡度陡、流速快的急流栖息地；中下游河宽增加，河底坡度变缓，流速降低，河漫滩及岸边湿地发育成为较好的多样性栖息地；河口区域由于受到河流淡水和海洋咸水的双重影响而成为不同于上游、中游、下游的特殊栖息地条件。②在河段尺度上由于河流纵向形态的蜿蜒性，河道中浅滩和深潭交替出现，浅滩的水深较浅，流速较大，溶解氧含量充足，是很多水生动物的主要栖息地和觅食的场所；深潭的水深较深，流速较小，通常是鱼类良好的越冬场和避难所，同时还是缓慢释放到河流中的有机物的储存区。

（2）横向上：大多数河流的横断面由河道、河漫滩区、高地边缘过渡带组成。河道是河流的主体，是汇集和容纳地表和地下径流的主要场所，也是连通内陆和大海的通道。河漫滩区是河道两侧受洪水影响、周期性淹没的区域，包括一些滩地、浅水湖泊和湿地。洪水脉冲发生时，河道与河漫滩区连通，河漫滩区储存洪水、截留泥沙、降低洪峰流量，为一些鱼类提供繁育场所和避难所。洪水退去，洪泛区逐渐干涸，由于光照和土壤条件优越，河漫滩区成为鸟类、两栖类动物和昆虫的重要栖息地。同时，河漫滩区适于各种湿生植物和大型水生植物的生长，可降低入河径流的污染物含量，富集或吸收径流中的有机物，起到过滤或屏障的作用。河道及附属的浅水湖泊和湿地按区域可划分为沿岸带、敞水带和深水带，分别分布有挺水植物、浮水植物、沉水植物、浮游植物、浮游动物及鱼类等。高地边缘过渡带是河漫滩区和陆地景观的过渡带，常用来栽种树木，形成岸边防护带。河岸的植物美化了环境，并且起着调节水温、光线、渗漏、侵蚀和营养输入的作用。

（3）垂向上：河流可分为表层、中层、底层和基底。在表层，由于河水与大气接触的面积大，水气交换良好，特别是在急流和瀑布河段，曝气作用更为明显，表层河水溶解氧含量丰富，有利于喜氧性水生生物的生存和好氧性微生物的分解作用。表层光照充足，利于植物的光合作用，因而表层分布有丰富的浮游植物，是河流初级生产的最主要水层。在中层和下层，太阳光的辐射作用随着水深的加大而减弱，溶解氧含量下降，浮游生物随着水深的增加而逐渐减少。河流中的鱼类，有生活在表层的、生活在底层的，还有大量生活在水体中下层的。对于许多生物来讲，基底起着支持、屏蔽、提供固着点和营养来源等作用。基底的结构、组成、稳定性、含有的营养物质性质和数量等，都直接影响着水生生物的分布。另外，大部分河流的河床由卵石、砾石、泥沙、黏土、淤泥等材质构成，具有透水性和多孔性，是连接地表水和地下水的通道，适合底栖生物和周丛生物的生存，也为一些鱼类提供了产卵场和孵化场。

2.4　水电开发对河流的影响

2.4.1　改变河流水文、水动力条件

大坝建成后直接拦断了河流，显著地改变了天然河流的水文情

势。大坝蓄水对河流流量的调节，人为地改变了河流的水文节律，使下游河流的水文情势发生变化，包括改变河流低流量、高流量频率，增加枯水期流量，减少丰水期流量，削减洪峰等。一些研究还显示，不合理的水电开发，将导致一些河流多年平均流量下降，在枯水期甚至会出现断流现象（程根伟 等，1996；杨意明 等，1999）。水库清水下泄，破坏了原有河流的水沙平衡，导致下游河床与河岸受到不同程度的侵蚀，改变了河流的地形地貌，进而影响了河流栖息地的局地水动力条件。而河流水文、水动力条件的改变，将对河流水生生物的正常生长、繁殖行为产生负面影响。例如，涨水过程变缓将减少对四大家鱼产卵的刺激，影响家鱼的正常繁殖行为（余志堂 等，1988）；库区回水淹没鱼类产卵场；坝前流速减缓，导致上游鱼类所产的漂流性卵沉底死亡。

2.4.2　改变水温分布特性

大坝会改变天然河流的温度分布特性。天然河流中水深相对较浅，且受紊流混掺作用，水体温差较小。而大坝建成蓄水后，水深加大，流速减缓，水温呈现出垂向分层现象：上层为温度较高的表温层，水温较均匀且接近气温；下层为温度较低的深水层，常年维持在较稳定的低温状态；中间的过渡段则为温跃层。高坝大水库的水温分层现象更为显著。水温是影响鱼类繁殖的重要因素，水库低温水下泄会导致鱼类繁殖期缩短、繁殖季节推迟（Webb 等，1996）。美国科罗拉多河流域在格伦峡大坝建成蓄水后，水温基本降至 9℃左右，导致 3 种本地鱼灭绝，60 多个物种受到威胁（邹淑珍，2011）。另外，低温水下泄还将降低鱼类的新陈代谢能力，减缓幼鱼的生长速度，缩短其生长期，导致鱼类个体变小。研究表明，丹江口水利枢纽建成后，由于大坝下游江段水温降低，草鱼当年幼鱼的体长和体重分别从建坝前的 345mm 和 790g 下降至建坝后的 297mm 和 475g（周春生 等，1980）。

2.4.3　改变水质

大坝建成后，大量泥沙被拦截在水库中，导致下泄到下游江段的水体含沙量降低，水体透明度增大，氮、磷等营养物质和有机物沉积，有利于浮游生物快速生长，水体的初级生产力提高。与此同时，鱼类饵料生物的组成和数量也随之发生巨大变化，引起鱼类种群结构更替，局部水域的鱼类丰度上升。例如，丹江口水利枢纽兴建后，坝下江段着生丝状藻类和淡水壳菜大量繁殖，以它们为食的鱼类（如铜鱼、鲂、吻鮈等）数量不断增加，渔获物中摄食着生藻类和底栖无脊椎动物的鱼类分别占总渔获量的 38％ 和 34％ 左右（余志堂 等，1981）。三峡水库蓄水后，库区江段的浮游植物种类和数量发生较大变化，部分断面浮游植物数量显著增加（韩德举等，2005）。同时，库区支流江段浮游藻类的种类、数量也发生了变化，如香溪河的藻类组成、丰度，与蓄水前相比就明显增加，蓄水仅半年绿藻种类数量，约为蓄水前的 3 倍，这些藻类数量的变化也必然会引起库区江段鱼类群落的变化（周广杰 等，2006）。

2.4.4　阻隔鱼类洄游通道

鱼类繁殖场、索饵场和越冬场往往分布在不同水域，鱼类要完成整个生活史过程须要在不同的水域进行周期性迁徙。大坝建设阻隔了鱼类的洄游迁徙路线，分隔了索饵区与生殖区之间的洄游通道，使其不能有效完成整个生活史过程，这将导致鱼类资源量下降，甚至导致有些物种灭绝。例如，法国境内河海洄游鱼类资源持续衰退，其主要原因就是大坝阻隔了鱼类溯河洄游的通道，这些阻隔对溯河产卵鱼类（尤其是大西洋鲑和欧洲西鲱）的负面影响比水污染、过度捕捞及栖息地破坏所带来的负面影响更严重。水利工程的阻隔导致鲑鱼等在莱茵河、塞纳河及加龙河等河流中几近灭绝，或被封闭在非常有限的区域内（Porcher 等，1992）。在美国东海岸，修建的大坝被认为是康涅狄格河、梅里马克河、佩洛布斯科特河中洄游鱼类（如鲑、美洲西鲱）灭绝或衰退的主要原因。在澳大利亚，流域中鱼类通道受阻隔导致鱼类种群衰退和灭绝的例子也很多。在我国长江流域，大坝阻隔改变了中华鲟原有的繁殖生态条件，可供中华鲟繁殖的江段长度大幅缩短，1981—1999 年，中华鲟幼鲟补充群体和亲鲟补充群体分别减少 80% 和 90%，中华鲟数量持续下降（危起伟，2005）。

2.4.5 导致栖息地破碎化

自然流淌的河流，不仅是连续的水流通道，还是物质和能量输移的通道。大坝的修建，使原有连续的河流生态系统被分割成不连续的多个环境单元，造成了栖息地的破碎化。研究表明，栖息地破碎化是影响生物多样性最重要的"瓶颈"之一（Fahrig，2003）。栖息地破碎化导致原栖息地的总面积减小，产生隔离的异质种群，从而影响个体行为特征、种群间的基因交换、物种间的相互作用及生态过程（Davies 等，1998；Debinski 等，2000）。栖息地破碎化的影响，从个体行为开始，作用于生态系统的各个环节（Debinski 等，2000；Fahrig，2003）。关于栖息地破碎导致鱼类种群遗传多样性丧失的问题，目前已经逐步引起国际广泛关注，但其影响程度和机理目前尚无可靠结论（黄亮，2006）。三峡大坝建成后，鱼类栖息地面积缩小了 1/5～1/4，其种群数量也发生了相应比例的减少（蒋固政，2002）。

2.5 河流干流和支流的关系

干流和支流是一组相对的概念。所谓干流，是指水系中汇集流域径流的主干河流，或者是直接流入海洋、内陆湖泊或消失于荒漠的河流；所谓支流，是指直接或间接流入干流而不直接入海的河流。在较大的水系中，支流常分为一级、二级、三级等。直接流入干流的河流叫作一级支流，流入一级支流的河流叫作二级支流，依此类推。换言之，上一级河流相对于下一级河流而言，上一级河流为干流，下一级河流为支流。

目前，我国不同的管理主体对干支流的划分是不一致的。例如，以国家规划的"十三大水电基地"涉及的河流为干流，其各自流域内的汇流水系则为支流。七大流域机构在各自管理范围内划分干流与支流，与前述划分有交叉也有区别。地方水行政管理部门划分的干流与支流在水系中的层级将会更低，干流是前一层级的支流。若不在同一层级界定干支流关系，统筹规划干支流的开发与保护，将导致国家与地方利益相争，干流、支流水电竞争开发的局面。例如，我国西南地区的"跑马圈水""遍地开花"、干支流"齐头并进"式的无序开发，导致区域环境严重破坏，栖息地日益破碎、生态系统衰退。

因此，支流保护中所涉及的"干流"和"支流"，应从流域生态系统和综合管理规划的角度，在同一层级上界定干流、支流关系，兼顾水能开发与生态需求，视拟开发河流（河段）为干流，将与之相连通的支流中条件适宜、具有较高生态环境价值的河流（河段）作为受保护支流。而在上一级河流规划中确定为保护支流的河流，下一级河流规划中不应再作为干流进行开发，又寻找它的下一级支流进行替代保护。

2.6 河流开发与保护的矛盾

河流开发与保护是一对矛盾体。所谓河流开发，是指人类对河流水资源的开发利用，其利用形式主要包括防洪、发电、航运、养殖、供水、灌溉、旅游娱乐等。而水利水电建设在发挥防洪、发电、供水、航运等兴利效益的同时，也不可避免地改变了原有河流的水文、水动力、水温、水质、底质、地形等条件，阻隔了鱼类的洄游通道，破坏了水生生物生长繁殖的环境，给生态环境带来一些负面影响。所谓河流保护，是指保护河流的生态系统，修复或恢复受损河流的自然条件。因此，协调"开发与保护"这对矛盾关系，寻求二者之间的平衡与折中，是实现河流健康可持续利用的重要基础。

目前，我国在处理河流水电开发与生态保护这一矛盾关系时，通常采取制式化的环保配套措施，例如建设分层取水、鱼道、人工增殖放流站等设施。一方面，这些保护措施的效果如何还缺乏科学评价；另一方面，这些保护措施往往只应用于受开发影响的干流，采取局部的保护，较少涉及相关支流，难以真正补偿干流开发造成的生态影响。然而，在流域生态系统中，干流、支流之间不是独立的个体，而是协同发展、相互影响的整体。因此，科学合理的河流开发与保护是要站在流域生态系统的角度，对干流、支流进行统筹规划和综合保护。

第3章 河流栖息地保护与修复的顶层设计

3.1 概　　述

人类与河流的关系已逐渐从原始自然阶段、河流工程控制阶段，发展到了河流污染治理阶段和河流生态系统综合修复阶段（倪晋仁 等，2006）。随着人们生态环保意识的觉醒，越来越多学者、工程师、管理者乃至社会公众都开始关注受损河流的治理与生态修复问题（倪晋仁 等，2002；韩玉玲 等，2012；孙东亚 等，2006；钱正英 等，2006）。近些年来，全国各地也在积极践行"生态保护与绿色发展"理念，开展受损河流的治理与修复工作（董哲仁 等，2003；余国安 等，2008；王庆国 等，2009）。但目前相关工作多集中于针对某一具体河流或河段的修复工程实例（徐菲 等，2014），缺乏对河流生态修复理念、目标和方法的系统归纳和梳理，更无可供复制和推广的生态修复模式和技术流程。因此，从长远角度而言，有必要在河流生态修复方面做好顶层设计，对河流治理与修复进行科学规划与统筹安排，才能避免"头痛医头脚痛医脚"甚至"头疼医脚"式的盲目治理，分阶段逐步恢复河流至近自然状态。本章从宏观角度，探讨受损河流生态修复的顶层设计思路和关键技术流程，以期为河流的生态保护、修复和适应性管理等工作提供借鉴。

3.2 顶 层 设 计 思 路

国家战略层面，2012—2013 年，国务院相继批复了长江、辽河、黄河、淮河、海河、珠江、松花江和太湖流域综合规划，规划报告中制定了流域的一系列控制性指标和流域用水总量控制、用水效率控制、水功能区限制纳污三条"红线"规划，明确了不同河流河段治理开发和保护的功能定位及其目标任务。2014年国家发展和改革委员会印发《全国生态保护与建设规划（2013—2020年）》，规划中明确提出保护和恢复湿地与河湖生态系统的要求。2015年，《全国水资源保护规划（2015—2030年）（初稿）》编制完成，规划中明确要求建成水资源保护和河湖健康保障体系，实现水质、水量和水生态统一保护的目标。这些相关规划在一定程度上体现了国家水生态文明建设顶层设计的初衷，但由于涉及面广，规划内容较为宽泛，在具体河流生态修复的实施过程中常出现规划落地难或存在偏差等问题。我国迄今为止已实施了大量中小河流、大江大河的河流生态修复工程，其中也不免存在一些"头痛医头脚痛医脚"甚至是"头痛医脚"式的盲目治理、或因管理不善导致修复工程验收后荒废甚至较修复之前恶化的情况。因此，有必要在河流生态修复方面提出专项的顶层设计思路，以指导河流生态修复规划、修复工程实践和修复后管理等方面工作。

所谓顶层设计，是指运用系统论方法，从全局角度，对某项任务的各方面、各层次和各要素进行统筹规划，落实具体实施手段，以集中有效资源，高效快捷地实现目标。换言之，顶层设计是总体规划的具体化。

本章从事前计划、事中控制和事后管理3个阶段梳理了河流生态修复的相关工作，提出了针对河流生态修复全生命周期的顶层设计思路和关键技术流程。在事前计划阶段，首先要对河流的生态现状与胁迫因子进行评价和识别，据此确定修复目标和生态修复基点；然后再制定与当前社会发展和生态环境要求相适应的生态修复规划。在事中控制阶段，即生态修复措施的实施阶段，首先要落实各级规划和环评审批文件中涉及的生态环保措施；其次对于工程措施要严格控制工程设计、工程质量和工程安全，对于非工程措施要审慎控制措施执行规程，确保被修复河流的生态功能不降低、空间面积不减少、保护性质不改变。在事后管理阶段，要对修复后的河流进行适应性管理，通过建立负反馈机制，不断完善、改进修复措施和管理方式，确保河流生态系统朝着越来越健康的方向发展，以达到长效久治的目的。对于成熟且效果良好的河流生态修复技术与修复模式，应鼓励和探索在其他河流的推广应用。河流生态修复顶层设计各阶段间具有上下承接的有机联系，"生态现状评价与胁迫因子识别"明确了生态修复的起始状态，"生态修复基点和修复目标确定"给出了生态修复的基准和导向，"生态修复规划制定"确定了修复的优先序和各阶段实施方案，"生态修复措施实施"确保修复工作落地，"修复后适宜性管理与技术推广"提供修复效果反馈信息，形成负反馈机制，循环调整并逐步完善各技术流程的工作。河流生态保护与修复的顶层设计思路示意如图 3.2－1 所示。

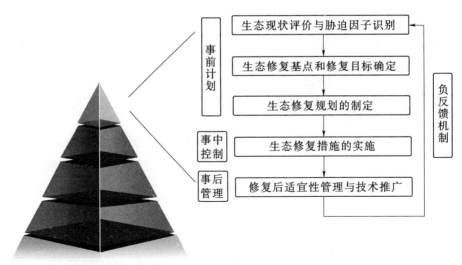

图 3.2－1　河流生态保护与修复的顶层设计思路示意

3.3　栖息地生态现状评价与胁迫因子识别

生态现状是生态修复顶层设计的起点，因此生态现状评价与胁迫因子识别是河流生态修复的重要基础和前提条件。对流域生态现状与胁迫因子进行识别，首先需要对地区的生态现状进行调查，调查的内容主要包括水文水资源、水环境、景观与地理、生物状况以及流域经济社会。调查过程中可以运用一些先进的技术手段，如卫星遥感、地理信息系统、无人机航拍等技术，进行空间地理数据的收集。获取数据资料后，对数据进行标准化处理，并且通过数据库和大数据管理平台进行数据的整编、整合。在此基础上，构建不同尺度的生态健康评价体系，例如流域尺度、景观单元尺度的生态健康评价，河流尺度、河段尺度的河流健康评价，并识别出生态胁迫因子，或者是生态修复过程中最为关键的控制性因子，以便在后续规划和修复工作中"对症下药"，进行重点整治。生态现状评价与胁迫因子识别的技术路线如图3.3-1所示。

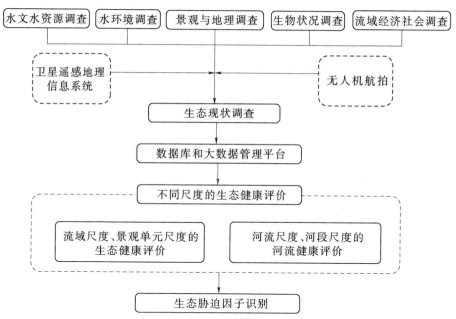

图 3.3-1 生态现状评价与胁迫因子识别的技术路线图

3.4 生态修复基点和修复目标的确定

确定生态修复基点和修复目标是目标管理的重要环节，只有完成该环节才能有效指导和推进河流生态修复的各项工作。生态修复基点是指河流进行生态修复时参照状态的定量表述。一般河流生态修复基点的确定是依据河流未受人类干扰或者干扰较小时的健康自然状态（Ruiz-Jaen 等，2013），而河流的健康自然状态往往表现为良好的水质条件、有节律的水文情势、适宜的物理形态、适当的河岸缓冲带和丰富多样的水生生物等多个方面。因此，应该从反映河流健康的不同方面确定不同类型的修复基点。对于跨流域河流或者相同河流跨区间（河源、上游、中游、下游）河段，在河流特性上往往存在显著差异，确定生态修复基点时也需要考虑这些显著差异的影响。在实际修复基点的确定过程中，笔者发现有些河流在未受干扰或干扰较小时期，监测数据匮乏甚至空白，导致生态修复基点难以确定。在这种缺乏历史资料的情况下，可采用"空间置换时间"的方法（Rheinhardt 等，1999），选择河流特性近似的相邻河流或河段作为参照对象，应用其健康状态良好时期的数据（历史数据或现状数据）来确定生态修复基点。

河流生态修复的目标主要包括水质改善、河岸带稳定、栖息地增加、生物多样性增加、渔业发达，同时满足人们的美学和娱乐需求（董哲仁 等，2007）。生态修复工作不可能一蹴而就，因而在制定生态修复目标时，应遵循"循序渐进"的原则。倘若一条重度污染的河流在制定生态修复目标时，未先要求从根源上控制污染物的排入并进行水质恢复，而是急于求成、一步到位地要求达到生物种群恢复和生物多样化，盲目地应用生物措施、引入物种、增殖放流，无疑会导致河流生态修复的效果事倍功半，甚至失败。

生态修复工作按照"循序渐进"原则可分为四个阶段：水环境质量保护与恢复、生态需水保障与恢复、栖息地保护与恢复、生物多样性保护与恢复。具体每一阶段制定生态修复规划时应着重考虑的内容将在后文中进一步阐述。在修复目标确定的过程中，首先要根据生态现状评价和生态胁迫因子识别结果，明确当前生态修复工作的起始阶段。不同阶段生态修复目标应有所侧重，例如在水环境质量保护与恢复阶段，应侧重于水质类目标；在生态需水保障与恢复阶段，应侧重于水文类目标；在栖息地保护与恢复阶段，应侧重于河流物理形态及河岸带类目标；在生物多样性保护与恢复阶段，应侧重于生物类目标。然后将生态现状与修复基点相比，量化各指标在现状与健康状态间的差距，以生态恢复至修复基点的40％、60％、80％等水平状态作为不同时期（如1年、2年、5年等）的生态修复目标。同时，在生态修复工作的不同阶段可设置控制性目标和引导性目标（例如在水环境质量保护与恢复阶段，将水质类目标设置为控制性目标，水文、物理形态、河岸带、水生生物等目标设置为引导性目标），将控制性目标作为硬约束，引导性目标作为方向指引，以明确河流生态修复的量化考核要求，并指明河流生态修复的方向。对于重要河流和脆弱敏感性河流，生态修复基点和修复目标应尽可能通过水利、环境、渔业、国土等多个行政主管部门和专家会商确定。

此外，在制定生态修复目标时，为了提高公众的参与度，还可采取定性指标和定量指标相结合的方式，在专业指标体系的基础上，为公众和中小学生户外实践量身订制一套定性或者半定量的河流健康评价指标体系，并制定一些易于辨别的定性修复目标。例如，莱茵河生态修复计划明确把"大马哈鱼回到河流"作为修复目标（Binder 等，2015）；德国伊萨尔河的生态修复则将"在河流中安全游泳、洗浴"作为修复目标（钱正英 等，2006；Binder 等，2015）；以此鼓励公众积极参与到河流生态保护与修复工作中，促进人们从生态环保意识的"觉醒"向"自觉"转变。

3.5　生态修复规划的制定

河流的栖息地修复需要将整个流域作为整体来进行统筹考虑和战略规划，但是在实际修复过程中，有限的资金难以对全流域进行全面修复，须要有选择、有重点地对某一河流或局部河段进行优先修复，这就涉及修复优先序的问题（Schiemer 等，2015）。因此，在制定河流生态修复规划时，首先须要从流域层面出发，基于流域生态现状评价和胁迫因子识别结果，建立适当的修复优先序选择模型，以确定最佳的修复战略和资金分配计划。例如，Bohn 等

（2002）建立了一个基于流域分析技术的确定修复优先序模型，从区域、盆地、流域和地点4个生态尺度确定了河流修复的优先权。Petty等（2005）应用河流生态价值权衡方法，计算并确定了河流的修复优先序和流域的最佳修复战略。

在确定了河流修复优先序后，进一步根据具体河流或河段生态现状评价与胁迫因子识别结果，确定生态修复工作的起始阶段，制定该阶段及后续阶段的修复规划。上述河流生态修复的四个阶段中，水环境质量保护与恢复阶段、生态需水保障与恢复阶段、栖息地保护与恢复阶段以及生物多样性保护与恢复阶段之间，具有依次递进、从量变到质变的关系，每个阶段都有不同的规划要点。

3.5.1　水环境质量保护与恢复阶段的规划要点

在水环境质量保护与恢复阶段，规划时首先须计算或复核现状河流水域的环境容量和纳污能力。对于现状水质达到规划目标的河流水域，要根据现状污染物入河量和水域纳污能力，合理确定污染物入河控制量，在规划期内入河控制量不应大于河流水域的纳污能力。对于现状水质未达规划目标的河流水质，要根据现状污染物入河量和水域纳污能力，以小于河流水域纳污能力的污染物入河量作为控制量，制订减排方案。对于点源污染，可进行新建截污工程、关停污染企业、转移污染企业、新建污水处理厂、新建雨污分流工程等方面的规划。对于面源污染，可进行化肥农药减施工程、农田氮磷流失生态拦截工程、雨水集蓄利用工程、生态沟渠建设工程、畜禽养殖废水与废物综合利用工程、人工湿地等方面的规划。对于内源污染，可进行底泥疏浚、生态清淤、围网养殖清理等方面的规划。

3.5.2　生态需水保障与恢复阶段的规划要点

在生态需水保障与恢复阶段，规划时需选择符合地区实际的方法计算生态基流，对规划范围内的生态敏感区（如产卵场、索饵场、越冬场），应根据生物习性和对水文、水温过程的需求，提出敏感时期需水总量和需水过程的敏感生态需水需求，实施生态基流和敏感生态需水的保障和恢复措施，如限制取水措施、设置生态泄流和流量监控设施等。对水库大坝引发的涨水过程减弱、低温水下泄和滞温效应等问题，应根据下游敏感保护对象的要求，制订工程优化调度方案、分层取水措施和生态补偿对策。对于湖泊、湿地等与河流相连通的水域，还须要考虑最低和适宜生态水位的需求，以及生物对水位变化过程的需求。

3.5.3 栖息地保护与恢复阶段的规划要点

在栖息地保护与恢复阶段，规划时应对重要栖息地划定生态保护红线，在满足河道行洪能力的前提下，维持和恢复河道主槽、浅滩-深潭结构、河漫滩、河岸带等自然特征，保持一定的河岸缓冲带宽度，维持和恢复河流蜿蜒性特征，保护和恢复河流纵向、干流和支流以及河湖之间的连通性，保护和恢复河流栖息地的多样性。

（1）在河流岸线规划布置时，要合理划定岸线，结合城市或区域规划，预留足够河岸缓冲带宽度，清理河漫滩和河道内的农田和非法建筑物，维持和恢复自然岸线的多样性特征，恢复沿程宽窄相间的河道平面特征。

（2）在河流岸坡规划时，尽可能采用缓坡形式，根据当地水文、河流地貌特性和周边防洪需求，选择适宜的护岸形式，如宾格笼、生态混凝土护岸、木桩扦插块石等形式。

（3）在河道内栖息地保护与恢复规划时，可根据鱼类等水生生物习性，营造其喜好的栖息地，如重构浅滩-深潭序列，建设小型生态丁坝，恢复弯道、故道、洲滩等局部地形构造，增加栖息地的多样性。对于一些废弃、病险堰坝，可进行拆除和坝址生态环境修复规划，对于一些无过鱼设施的老坝，宜进行升级改造规划，新建鱼道、仿自然旁通道等过鱼设施，在一定程度上恢复河流纵向连通性。

3.5.4 生物多样性保护与恢复阶段的规划要点

在生物多样性保护与恢复阶段，须根据流域珍稀、濒危、特有和重要经济物种与生物资源的调查结果，确定保护优先顺序，采取以就地保护为主、迁地保护为辅的原则，制定流域生物多样性保护与恢复方案。就地保护可在保护目标鱼类的重要栖息地（如产卵场、索饵场和越冬场）范围规划设立河流自然保护区。迁地保护可在保护目标鱼类潜在的栖息地（如与原栖息地相连通的支流栖息地）制定支流保护方案。对处于濒危状况或受到人类活动胁迫严重、具有生态和经济价值的特定鱼类，应制定和实施增殖放流方案，方案应包括放流水域选择、放流苗种、放流规格和放流规模等内容，并通过鱼类标志技术（如外部标志、内部标志、生物标志、电子标志、分子标志等）和大规模标志鱼放流，建立回捕数据与标志鱼放流规模的分析模型，定量评估增殖放流效果和种群动态变化。同时，进行生物多样性保护相关的科研规划。

3.6　生态修复措施的实施

生态修复措施的实施是河流栖息地修复顶层设计的实质性进展阶段。修复措施的实施是确保河流栖息地修复各项战略构想和规划有效落地的重要保障。从宏观控制层面，首先要落实各级规划和环评审批文件中涉及的河流生态环保措施。从近几年生态环保措施的落实情况来看，各级规划中涉及的河流生态环保措施由于缺乏刚性约束，仍存在落地难或修复措施缩水等问题。而环评审批文件中涉及的生态环保措施由于环保督查和问责力度的加码，河流生态措施落实情况较好，且呈逐年加强态势。据生态环境部环境工程评估中心统计，2000—2017 年送审环评审批的 120 余个水电项目，落实河流栖息地保护与修复措施的项目占比达 40％以上（2012 年至今该比例已达 100％），所涉及的河流修复和保护长度超过 5000km（其中，干流超过 1000km，支流超过 4000km）。因此，可在规划和环评等顶层设置可量化的刚性约束，或依托各级河长，确保河流生态修复规划和措施的落实。

在具体工程或措施控制的层面，则须把控技术措施的科学合理实施。目前，国内外对受损河流生态的修复主要采用水质净化与改善、生态调度、河流结构的自然化改造、连通性恢复、河流栖息地保护和鱼类增殖放流等六大类措施。在这些技术措施的具体实施过程中，须要严格进行过程控制，确保生态修复措施不破坏原有的河流生态系统。对于工程措施（如河流自然化改造），须充分考虑行洪安全，复核壅水水面线，合理进行工程设计，严格控制施工质量和工程安全；对于非工程措施（如生态调度），须科学论证生态调度方案，制定相应的水库调度操作规程，在确保防洪安全和水库运行安全的前提下，审慎执行生态调度规程。以下将详细阐述这几大类河流生态修复的技术措施。

3.6.1 水质净化与改善措施

水质净化与改善措施包括原位净化和异位净化两大类，原位净化主要通过人工打捞杂物垃圾、向水体投放化学或生物药剂、在水面设置生物浮床和曝气设施等实现水质净化；异位净化主要采取管道截污、导流，将受污染河水引入人工湿地或污水处理厂处理，以达到水质改善目的。水质净化与改善措施主要适用于水环境质量保护与恢复阶段。

河流的原位净化是利用河流自身的河道空间布设水体净化设施，在河水自然的推流作用下，水流逐步经过净化设施，从而达到使受污染河水净化目的。

目前国内采用人工打捞水质污染物的方法改善河流水质，可快速消除水体内源污染。而曝气技术除了在北京、重庆和上海等地的小河道治理中使用过，尚未在河道大规模综合治理中应用过。1990年，北京市在清河一个长约4km的河段中实施了河道曝气试验工程，工程运行47天后基本消除了曝气河段的臭味（谢海文 等，2009）；1999年，重庆市在被严重污染的桃花溪内采用了人工充氧的措施，运行7天后河道水质有了明显的改善并消除了臭气（谢海文 等，2009）；1999年，上海英普环保技术有限公司和上海佛欣爱建河道治理有限公司采用多功能水质净化船曝气充氧加生物修复技术方案，一个月内使 3.6km 长、40m 宽、4m 深的河流消除了黑臭（谢海文 等，2009）。在水质净化的方法中，化学方法相对来说比较方便，但容易造成二次污染。王曙光等（2001）利用化学强化一级处理技术对深圳市受污染的龙岗河、观澜河进行了处理试验，结果表明该工艺对浊度、CODcr、SS、TP 的去除效果较好，对 TN、重金属等也有一定的去除效果。总体来说，生物方法具有较大的发展前景，田伟君等（2006）利用仿制轮藻形态制作的仿生生物填料，对宜兴市大浦镇林庄港进行了治理；吴振斌等（2001）利用富营养浅水湖泊——武汉东湖中所建立的大型实验围隔系统进行实验，实验证明重建后的沉水植物可以明显改善富营养化水质，使水体透明度显著提高，水色度降低；唐玉斌等（2003）采用美国 EIT 公司生产的生物促生剂，对上海植物园的景观水体进行了现场修复试验，结果发现，该生物促生剂可促进水体中有机物的降解，可显著地去除氨、氮、磷等污染物，并可显著地提升水体溶解氧，提高水体透明度。

异位净化主要通过采取物理方法疏通污水、过滤水体等措施来改善河流水质，2004 年，深圳石岩河人工湿地投入运行，经水质处理后，COD、BOD_5、SS、TP、TN、NH_3-N 的去除率分别达到了 87.1%、94.1%、57.5%、91.4%、47.8% 和 78.04%，人工湿地运行效果理想（王小齐 等，2009）；2014 年，李安峰等（2014）采用一体化处理设施对一人工湖进行异位物化净化，水质得到明显改善；田敏等（2015）通过试验证明，鱼塘和藕塘联合运用并通过异位净化可以使鱼塘和藕塘水质得到明显改善。由于异位净化适合的河道较少，需要修建一定的工程设施，耗费人力、物力和财力，因此目前国内应用规模不大。

3.6.2　生态调度措施

生态调度是指通过调整水库的传统调度运行方式，尽可能兼顾河流生态系统健康，减缓水库运行对河流生态环境不利影响的一类非工程措施。据美国大自然保护协会（The Nature Conservancy，

TNC）统计，截至 2005 年，世界上共有 53 个国家 855 条河流开展了修复河流生态环境水流的研究或实践，其中数十条河流已经进行水库生态调度的实践。生态调度措施的实施，通常是根据特定的改善目标，例如保障生态需水量、改善河流水质、调整水沙过程、刺激鱼类繁殖、减缓水库水温影响等，继而制定针对性的调度方案。生态调度措施主要适用于生态需水保障与恢复阶段。

（1）保障生态需水量。水库拦蓄作用，将改变下游来水过程，在枯水季节或遇到干旱气候时，若水库下游区间来水不足，加之水库下泄流量不足，将导致河流出现水量枯竭甚至断流现象。例如黄河在 1972—1999 年的 28 年中，下游有 21 年发生断流现象，1997年断流情况最为严重，断流次数达 13 次，累计断流 226 天。河流断流等下游生态需水量不足的极端现象，将对河流生态系统造成灾难性破坏。为了维持河流自净和水生生物生存繁衍的基本需要，上游控制性水库应制定相应调度方案保障下游生态需水量。国内外水库生态调度的发展进程也是从关注河流的生态需水量开始的。早在20 世纪 40 年代，美国渔业与野生动物管理局就提出了生态需水的概念（崔国韬 等，2011）。70 年代，美国推行新的环境和淡水法规，推动了生态需水的理论研究和实践工作（徐杨 等，2008；乔晔 等，2014）。表 3.6-1 为国内外以保障生态需水量为改善目标的生态调度典型案例。

表 3.6-1　国内外以保障生态需水量为改善目标的生态调度案例

时间	地点	调度措施	调度效果	参考文献
1980 年至今	美国哥伦比亚河流域	保证生态需水量	为哥伦比亚河流域种群恢复起到积极作用	王浩等，2010
1990 年至今	美国田纳西河流域	调整水库日调节方式和坝下反调节池泄水方式，保证下泄流量	大坝下游最小流量基本得到满足；鱼类和大型无脊椎动物有正面响应	Higgins 等，1999
2004 年开始	美国萨凡纳河流域	以河道最小生态流量为基础开展生态调度	修复河道、洪流区和河口栖息地	Richter 等，2006

续表

时间	地点	调度措施	调度效果	参考文献
1999 年至今	中国黄河流域内	水库统一调度增加下泄流量	保证黄河不断流；增加河口湿地水面面积；提高河口地下水位；加快三角洲造陆过程	赵安平等，2008
2000 年开始	中国黑河	增加下泄流量	河流干涸段减少，2005 年东居延海首次实现全年不干涸	王浩等，2010
2000—2007 年	中国塔里木河下游	生态紧急输水	终结下游河道断流史；塔里木河下游地下水位回升	崔国韬等，2011
2000—2008 年	中国塔里木河大西海子水库	增加下泄流量	天然植被面积扩大；沙地面积减少；地下水位升高；水质明显好转	石丽等，2008

（2）改善河流水质。水库蓄水后，河流原有的物理、化学环境发生改变，库区及下游河流的营养盐、溶解氧、pH 值、透明度等水质因子将发生重分布，甚至失衡。库区水流变缓，营养盐沉积，将导致水体富营养化，增加水华爆发风险；下游河流水量减小，水体环境容量减少，纳污能力减弱，也将增加水体污染风险。为了改善水库上下游水质，应在保证防洪安全的前提下，通过单级水库调度、梯级水库或流域水库群的联合调度，控制水质因子的变化幅度，创造有利的水文和水动力条件，增加水体流动性、稀释污染物、提高水体自净能力，从而改善河流乃至流域的水质条件。国内外在改善河流水质方面也开展了大量的实践工作，表 3.6-2 为国内外以改善河流水质为目标的生态调度典型案例。

（3）调整水沙过程。河流水沙过程是塑造河流浅滩-深潭、河岸边滩、洪泛平原、湿地、河口三角洲等河流地形地貌的主要驱动力，是河流栖息地多样性的"缔造者"。河流筑坝后，拦断了天然泥沙输送通道，导致库区泥沙淤积，下游河道侵蚀、栖息地退化、河口萎缩，栖息地多样性降低，进而影响河流生物的多样性。为了

表 3.6-2 国内外以改善河流水质为目标的生态调度典型案例

时间	河流	调度措施	调度效果	参考文献
1987—1992 年	乌克兰德涅斯特河	4 月底到 5 月初水库加大放水	显著改善水质、恢复下游生态环境	B. U. 魏什涅夫斯基，1994
1990 年至今	美国田纳西河流域	通过涡轮机通风、涡轮机掺气、表层水泵、充氧装置、曝气堰等设施增加溶氧	下泄水流溶解氧低于最小溶解氧浓度的时间和河段长度都较调度前大大缩短，下游河道水质和溶氧水平提高	Higgins 等，1999
2002 年至今	中国太湖	通过"引江济太"工程，将长江水引入太湖	改善太湖周边水质型缺水状况	翟丽妮等，2007；徐杨等，2008
2004 年至今	中国珠江	联合调度天生桥一级电站、岩滩水库、飞来峡水库调水，增加下游流量，压咸补淡	抵御咸潮，改善水质	鄂竟平，2005；孙波，2008
2005 年	中国松花江	增加下泄流量	加快污染水团的下行速度；稀释污染水体；水质改善明显	谭红武等，2007
2005 年至今	中国汉江	增加枯水期下泄流量和加大调水流量	降低丹江口水库下游的淤积与富营养化，减小下游"水华"的发生概率	谢敏，2007

改善筑坝河流的水沙过程，水库可采取"蓄清排浑"的泥沙生态调度方式，即非汛期来沙量较小时蓄清水，汛期来沙量较大时降低库水位泄流排沙；也可将泥沙生态调度与洪水调度结合，利用洪水对沉积物和泥沙的长距离输移作用，重塑河道形态、恢复边滩、河口等栖息地。世界上最为著名的美国科罗拉多河和中国黄河的泥沙生态调度案例是以调整水沙过程为目标的生态调度典型案例（表 3.6-3）。

（4）刺激鱼类繁殖。天然河流周期性地带有流量、水位、脉冲频率、发生时机、持续时间和变化率等要素信息的水文情势过程，对河流生态系统的节律性演替和生物的自然繁衍具有重要意义。水

表 3.6-3　国内外以调整水沙过程为目标的生态调度典型案例

时间	河流	调度措施	调度效果	参考文献
1996 年至今	美国科罗拉多河	通过格伦峡水库，增大下泄流量，形成"人造洪水"排沙	大坝下游河流的边滩和沙洲面积增加	Schmidt 等，2001
2002 年至今	中国黄河	通过万家寨、三门峡、小浪底等多座大型水库，洪水期降低库水位增加泄水量，人工塑造异重流排沙，冲刷下游河床泥沙入海	实现了水库排沙减淤，降低下游河底高程；加快黄河口造陆过程	徐国宾等，2005；练继建等，2004；周银军等，2009；于帅等，2015

库的拦蓄作用，改变了天然河流的水文情势，水库的调节能力越强，对水文情势的改变越大，对河流生态系统及其生物生命节律的影响也越大。为此，水库应通过生态调度来减缓这种不利影响。然而，大多数水库都具有防洪、发电、供水、航运等多种社会服务功能，难以完全恢复筑坝河流的天然水文过程，比较切实可行的做法是恢复河流生态系统的关键水文过程（King 等，2010），如鱼类繁殖所需的洪水脉冲过程。另外，鱼类作为河流食物链的顶级生物，可以有效地指示和反映河流生态系统的健康状况，因此，很多水库的生态调度是以刺激鱼类繁殖为改善目标，修复水库调度对河流生态系统的不利影响。众多实践表明，这种做法可以较为明显地改善河流生态状况，且可操作性强，对水库社会服务功能影响较小。表3.6-4 列出了国内外以刺激鱼类繁殖为改善目标的生态调度典型案例。

　　（5）减缓水库水温影响。水温是河流生态系统中的重要环境要素，直接影响水体中的物理化学反应、生化反应等关键生态进程。河流筑坝后，坝上河道水位抬升形成水库，改变了河流水体的热动力条件，引起库区和下游河道水温结构和水温情势的变化。当水温变幅、水温结构以及水温时滞达到某一程度时，将显著地影响河流水生生物以及灌区农作物的正常生长繁殖。河流梯级开发形成梯级水库群后，末端梯级下游水温过程的时滞和平坦化现象进一步加

表 3.6-4　国内外以刺激鱼类繁殖为改善目标的生态调度典型案例

时间	河流	调度措施	调度效果	参考文献
1970—1972 年	南非潘勾拉水库	人造洪峰	使溯河产卵鱼类获得适宜的繁殖条件	方子云，2005
1989 年至今	美国罗阿诺克河	恢复自然日流量过程，降低流量小时变化率	促进带纹白鲈的产卵	陈启慧，2005
20 世纪 90 年代	美国密西西比河下游	春季释放两次高流量脉冲	促进密苏里铲鲟的产卵	Jacobson 和 Galat，2008
20 世纪 70—80 年代开始	瑞士 Spol 河	释放高流量脉冲；冲洗鱼类栖息地底质	改善褐鳟栖息地的环境	Ortlepp 等，2003
2002 年开始	澳大利亚墨累河	恢复洪水脉冲，增加洪峰和洪水持续时间	增加虫纹鳕鲈、突吻鳕鲈等的产卵量	King 等，2010
20 世纪 70—80 年代开始	美国格雅诺克河	降低水力发电周期内高、低流量变化率	促进了条纹鲈的繁殖	Rulifson R 等，1993
20 世纪 70—80 年代开始	美国帕米格瓦斯特河	降低夏季枯水期高流量的频率；降低水力发电周期内高、低流量变化率	促进本土大西洋鲑的繁殖	FederalERC 等，1995
20 世纪 80 年代至今	美国特拉基河	下泄春季洪水，降低洪水的退水率	促进鱼类的产卵	Rood SB 等，2005
2011 年至今	中国长江	5—6 月四大家鱼繁殖季节，通过三峡水库制造人造洪峰过程	促进四大家鱼的自然繁殖	乔晔等，2014；陈进等，2015

剧，水温的累积效应显现，对下游河道敏感保护生物将产生更为深远的影响。为了改善水库下泄水温的不利生态影响，水库可通过分层取水、溢流式取水、控制帷幕取水等取水建筑物或取水设施，根据下游保护生物需求，以选择性取水的方式进行生态调度。表3.6-5列出了国内外以减缓水库水温影响为改善目标的典型生态调度案例。

表 3.6 – 5　国内外以减缓水库水温影响为改善目标的典型生态调度案例

时间	河流	调度措施	调度效果	参考文献
1992 年至今	美国格林河	增加春季洪峰流量和持续时间；维持较小的基流量；限制基流量的日波动范围	河流水温基本恢复至自然情况	Muth 等，2000；Beatgen 等，2006
2014 年至今	中国澜沧江	糯扎渡水库采用叠梁门方案取表层水，对水库水温进行改善	改善河流鱼类的生长繁殖条件	王颖等，2003；张少雄等，2009
2017 年至今	中国金沙江	溪洛渡水库采用叠梁门方案取表层水，对水库水温进行改善	改善胭脂鱼等黏沉性卵鱼类的繁殖条件	邓云等，2006

3.6.3　河流结构的自然化改造措施

河流结构的自然化改造是通过恢复河流弯曲、生态护坡改造、恢复河漫滩、河岸缓冲带等措施恢复河流自然形态；通过生态丁坝构建、浅滩–深潭构建、人工产卵场再造等措施实现不同鱼类、不同生命周期和不同环境栖息地的重构。河流结构的自然化改造措施主要用于栖息地保护与恢复阶段。

国外较早开展了河流结构的自然化改造与恢复实践。1965 年，Ernst Bittmann 在莱茵河用芦苇和柳树进行了生态护岸实验，这可以看成是最早的河流结构修复实践。20 世纪 70 年代中期，德国开始进行"河流重新自然化"工程实践，通过将水泥堤岸改造为生态堤岸，恢复河流两岸储水湿润带，将流域部分取直的支流进行弯曲恢复，延长洪水在支流的滞留时间，使河流回归自然。70 年代末 80 年代初，瑞士将德国 Ernst Bittmann 的生物护岸技术进一步发展为"多自然型河流生态修复技术"，英国提出了"近自然"河道设计技术（Seifer 等，1983），自此，欧洲开始兴起河道复原工程。其中较为典型且富有成效的河流结构恢复工程为英国的 Cole 河、Skerne 河，以及丹麦的 Brede 河修复工程，该工程为英国和丹麦合作的欧盟生命（EU – LIFE）示范工程，工程通过渠道化结构的拆除、柔性护坡及生态河岸的恢复、河流蜿蜒形态及横断面地貌的重建、阶地及堤防后靠工程的建设，实现了超预期的河流生态修复目标（Hoffmann 等，1998；Holmes 等，2010）。20 世纪 70 年代，美国学术界开始对早期河道渠化工程引起的生态系统退化进行长期观测、影响评估与恢复措施论证，80 年代末，美国提出了自然河道设计技术，90 年代起兴起河道生态修复工程。其中，Kissimmee 河生态修复工程是最具代表性、且是美国迄今为止规模最大的河流修复工程。该工程分为一期试验工程和两期主体工程，1984—1989 年开展的试验工程是在取直的渠道化运河中建设一座钢板桩堰，将运河部分截断，迫使水流重新流入原自然河道；1998 年开始第一期主体生态工程，包括回填部分运河和开挖仿自然新河道，这些新开挖河道尽可能复制原有河道的形态，包括长度、断面面积、断面形态、纵坡降、河湾数目、河湾半径以及河岸形态，并将这些新挖河道与原自然河道相连接，工程扩大了蓄滞洪区，恢复了沿河湿地，改善了鱼类、涉水鸟禽栖息环境；2001—2010 年开始进行更大规模的第二期主体生态工程，重新开挖河道、恢复 300 余种野生生物栖息地、恢复面积为 $10360hm^2$ 的泛洪区和沼泽地、创造更多样的栖息地（董哲仁 等，2007；Dahm 等，2010）。20 世纪 80 年代末，日本开始学习欧洲的河道治理经验，20 世纪 90 年代初，推行"创造多自然型河川计划"，通过河流结构的多样性修复，恢复和提高河流的自净能力（Katsumiseki 等，1993）。例如，朝仓川河道整治工程通过构筑自然弯曲的河流形态及河床石块，形成局部涡流效果，以纵横圆木和较大石块作为护岸，维持河流横向连通（丁则平，2002）。至今，许多经济发达国家已普及了"多自然型河道生态修复技术"，并开展了大量河流结构的自然化改造实践。

我国河流结构的自然化改造实践起步较晚，但发展迅速。20 世纪 90 年代至 2005 年，河流生态修复理念在我国萌芽。20 世纪 90 年代末期至 21 世纪初期，我国一些省（自治区、直辖市）开始进行河流自然化修复的探索性实践。例如，从 1998 年起，上海市启动以苏州河环境综合整治为重点的中小河流治理工作，通过在河流原有蜿蜒形态的基础上因地制宜构建湿地岛屿、尽量采用复式河道断面等方式恢复河流形态的多样化，同时采用新建生态型护岸和原硬质化护岸生态化两种方式，恢复生态河岸，经多自然型河流的综合改造后，2005年年底苏州河干流主要水质达到景观用水标准，生态环境明显改善。2004—2006年，浙江省海宁市辛江塘河道整治工程采用恢复河道自然平面形态、构造多样性河道断面、引入植被护坡等多种工程手段，恢复河流自然结构（韩玉玲 等，2009）。2005—2006年，北京市开展怀柔区河流的生态治理实践：在河底埋入自然石，营造浅滩-深潭地形；降低滩地高程，修改堤线，重现水际线的自然变化；采用利于植物生长的透水材料，改造传统硬质化护岸。经生态治理后，河流生态系统逐步恢复，已经消失的蛇类、鸟类等重新出现（杨华，2007）。

　　2005—2015年，水利部先后在无锡、武汉、桂林、莱州、丽水、新宾县、凤凰县、松原、邢台、西安、合肥、哈尔滨等地对14个不同类型水生态系统进行保护与修复的试点，我国河流生态修复工作进入快速发展阶段。但是，我国河流结构的自然化改造实践主要还是以城市河流或中小河流为主。近年来，随着我国对水电环保工作的进一步重视，越来越多水利水电工程开始结合水电开发，开展流域层面的河流结构修复工作。例如，长江三峡库区的香溪河生态地貌修复工程通过河道主槽与深泓塑造、设置5级阶梯生态堰-深潭序列、塑造人工滩地等方式，重建了多样性河道结构空间，修复后典型断面河床地貌的多样性显著增加（杨启红 等，2017）。澜沧江苗尾库区的基独河生态修复工程通过弯道处浅滩-深潭结构营造、河道内栖息地强化修复等方式恢复河流地貌的多样性，采用鱼巢砖、抛石体等结构重构生态护坡（芮建良 等，2013）。

3.6.4　连通性恢复措施

　　天然河流是从源头到河口的连续通道，这种连续性不仅包括地理空间、物理环境的连续性，还包括生物过程的连续性。人为修筑的大坝阻断了河流的自由流动通道，也相应地阻隔了河流中物质、能量及生物的输移和交流通道。河流水系的连通性恢复可在自然和人工形成的江河湖库水系基础上，维系、重塑或新建满足一定功能目标的水流连接通道（夏军 等，2012），如水流排泄通道、生物交流通道和物质循环通道等。其中，修建过鱼设施，采取拆坝、人工挖掘新的连通河道等，是恢复河流连通性的常见措施。该方面措施主要适用于栖息地保护与恢复阶段。

过鱼设施主要有鱼道、鱼闸、升鱼机、集运鱼系统、仿自然旁通道等类型。其中，鱼道是最早采用也是目前最常见的一种过鱼设施，早在 1662 年法国西南部的阿尔省就颁布规定，要求在堰坝上建造过鱼通道，但早期的过鱼设施设计未经过科学研究，仅是简单基于水位落差，过鱼效果不佳。1909—1913 年，比利时工程师丹尼尔经过 30 年的试验研究，提出了在鱼道内部设置阻板和底坎等减小流速装置的"丹尼尔型鱼道"，开启了现代鱼道设计的先河。此后，西方国家过鱼设施设计与建设快速发展。据不完全统计，截至 20 世纪 60 年代初期，美国、加拿大两国建成过各类鱼设施 200 座以上，西欧各国过鱼设施数量也超过 100 座，日本约有 35 座，苏联约有 15 座（王兴勇 等，2005）。截至 20 世纪末期，全球各类过鱼设施数量显著增长，北美有近 400 座，日本有 1400 余座（曹庆磊，2010）。

我国过鱼设施研究和建设工作起步较晚，至今大致经历了初步发展期（20 世纪 60—70 年代）、停滞期（20 世纪 80—90 年代）和二次发展期（2000 年以后）三个阶段（曹庆磊，2010）。初步发展期始于 1958 年，规划开发富春江七里垅水电站时首次设计了鱼道，并进行了水力学模型试验（王兴勇 等，2005）；1960 年黑龙江兴凯湖首次建成了新开流和鲤鱼港 2 座鱼道；1966 年江苏省建成了斗龙港鱼道。截至 20 世纪 80 年代，我国相继建成了安徽裕溪闸鱼道、江苏浏河鱼道、江苏团结河鱼道、湖南洋塘鱼道等 40 余座过鱼设施（董哲仁 等，2007）。20 世纪 60—80 年代，我国在进行葛洲坝水利枢纽规划和建设时，针对"救鱼问题"做了大量研究和论证工作，形成了著名的"鱼道之争"。经多年调查研究，1979年9月，长江流域规划办公室组织召开了长江葛洲坝工程救鱼问题讨论会，会议较为一致认为中华鲟是主要救护对象，救鱼措施以人工繁殖放流为主，但对于是否修建固定性过鱼建筑物存在分歧。1981年2月，受国务院委托，国家农业委员会召开葛洲坝工程过鱼设施论证会，会议认为中华鲟和白鲟为主要救护对象，关于救鱼措施则存在两种相反意见：一方认为中华鲟可能在坝下成熟并自然繁殖，救护中华鲟应主要考虑人工繁殖放流措施，限于当时对中华鲟生态习性掌握不够，修建鱼道技术上论证不充分，经济上会造成浪费；另一方坚持修建固定性过鱼设施，认为人工繁殖不能代替过鱼设施，且人工繁殖能否成功还存在疑问。因无法立即对是否修建鱼道作出决策，工程设计中给过鱼设施预留了位置。1982年10—11月，中国科学院水生生物研究所证实中华鲟可在坝下产卵，并形成新的产卵场。对此国家经济贸易委员会、农牧渔业部和水电部组织调查组进行实地核实和鉴定，于12月给国务院领导提出书面报告，指出"葛洲坝工程可以不考虑修建过鱼建筑物"，至此葛洲坝鱼道之争告一段落（常剑波 等，1999）。遗憾的是，此后20年我国大江大河上修筑大坝时几乎都不再考虑修建过鱼设施，导致过鱼设施研究和建设工作陷入停滞期。2000年以后，水电工程建设迎来高峰，与此同时对水电环保提高了要求，堰坝对鱼类等水生生物产生的阻隔影响引起广泛关注，过鱼设施的研究与建设工作进入二次发展期。2000—2010年，24个国家级水利水电工程项目具有过鱼设施建设内容（陈凯麒 等，2012）。

除了修建过鱼设施外，拆坝和人工挖掘新的连通河道等工程措施也是恢复河流连通性的主要措施。例如，对于效率有限、截断自然基流的引水式电站，或完成历史使命的小水电，可实行拦河堰坝的拆除和自然河道的重塑和再连通整治，以恢复河流纵向连通性。20世纪90年代末开始，美国兴起拆坝运动，1999年拆除19座，2000年拆除6座，2001年拆除22座，2002年拆除43座，2003年拆除58座，1999—2003年期间共计拆除堰坝148座（杨小庆，

2004）。这些拆除的堰坝中通常为服役年限较长的老坝，且位于较小的支流或是小溪沟上。坝拆除后河流生态环境都得到了一定程度的恢复，尤其表现在鱼类栖息环境和洄游通道的恢复等方面。但是，拆坝也可能会破坏既成的生态系统，从而带来新的生态和社会问题，例如个别坝拆除时由于泥沙处理不当，对下游造成不利影响。因此，拆坝应该经过科学的论证，谨慎行事。我国通过拆坝恢复河流纵向连通性的实践工作还处于起步和探索阶段。2012 年，华能澜沧江水电有限公司收购了澜沧江上游支流基独河的四级电站，并通过大坝拆除、封堵引水电站进口的方式恢复河流连通性（芮建良 等，2013），这是我国首个以河流生态恢复为目的的拆坝工程案例。

3.6.5　河流栖息地保护措施

在河流梯级开发中，特别是当流域干流、支流全面开发时，过鱼设施、生态调度、人工增殖放流等针对水生生物（特别是鱼类）的生态环境补偿措施，受现阶段科学认知程度、技术水平、管理难度等因素的制约，难以从根本上解决水生生物因栖息地破坏、破碎而面临的多样性丧失问题（廖文根 等，2013）。因此，有必要寻求干支流之间最佳的开发与保护格局，在干流开发的同时，寻找或营造与开发河流栖息地类似的河流（通常是与开发河流相连通的支流），以原栖息地的形式进行保护。河流栖息地保护措施主要适用于栖息地保护与恢复阶段。

近 10 年来，河流栖息地保护的概念在我国水电环保领域的技术导则和环境影响评价工作中逐步形成。2011 年环境保护部颁布实施的《环境影响评价技术导则　生态影响》（HJ 19—2011）要求对"不可替代、极具价值、极敏感、被破坏后很难恢复"的生态保护目标必须有"避让措施或栖息地替代方案"。2012 年，环境保护部《关于进一步加强水电建设环境保护工作的通知》中也明确提出"开展'干流和支流开发与保护'生态补偿试点"。在近年水电开发项目的环境影响评价报告书中，河流栖息地保护作为补偿性保护措施被多次提及。2006 年《重庆乌江银盘水电站环境影响报告书》中指出"选择与乌江干流栖息地相似、鱼类资源丰富、环境状况良好的支流，实施鱼类栖息地保护"，并对乌江下游重要支流诸佛江、木棕河、芙蓉江、郁江、大溪河、长溪河等进行比选，认为大溪河具有重要保护价值。2011 年《云南省澜沧江黄登水电站环境影响报告书》中要求"把澜沧江上游的通甸河、德庆河、拉竹河列入保护支流，禁止水电再次开发"。2011 年《澜沧江里底水电站环境影响报告书》"将澜沧江上游的重要支流永支河、洛马河、阿倮河、大桥河等拟定为里底水电站河段鱼类自然保护区"。河流栖息地保护已成为我国近年来水电开发中生态环境保护战略的一种新思路。

目前，国外没有针对支流栖息地保护开展专门的研究，而我国河流支流栖息地保护的理论和实践工作正处于积极的探索阶段。2005 年 4 月，为了保护长江上游珍稀特有鱼类，协调和妥善处理长江上游水电开发尤其是三峡工程建设和金沙江水电开发与保护之间的关系，国务院办公厅批准实施了"长江上游珍稀特有鱼类国家级自然保护区"，将长江上游的一级支流赤水河纳入该自然保护区，禁止赤水河干流建设梯级电站，赤水河保护可谓是我国支流栖息地保护的先驱案例。2007 年，华能澜沧江水电有限公司在澜沧江下游重要支流罗梭江建立了鱼类保护区，用以减缓澜沧江中下游梯级水电开发对鱼类资源的影响。该公司还于 2012 年收购并拆除澜沧江上游支流基独河的四级电站，以保护云南裂腹鱼等珍稀鱼类的生境，采取河流连通性恢复、河流蜿蜒形态多样性修复、河流横向断面多样性修复、浅滩-深潭结构营造、人工湿地修复、河道内部栖息地强化修复等多种工程措施，使支流的自然生态和鱼类栖息地环境得到一定程度的恢复（芮建良 等，2013）。2014年，中国长江三峡集团与四川省凉山州签订黑水河鱼类栖息地保护责任框架协议，将金沙江支流黑水河作为乌东德、白鹤滩水电站鱼类栖息地予以保护。高婷（2013）对支流栖息地保护的理论基础进行了相关研究，创新性地提出了实施支流栖息地保护的基本原则、支流栖息地保护的生物学适宜性评价指标体系，并结合生态环境监测资料，在雅砻江减水河段进行了案例分析。张雄等（2014）通过对金沙江下游牛栏江、西溪河、黑水河、普渡河、龙川江、鲹鱼河、西宁河、美姑河、以礼河、普隆河、勐果河和小江共 12 条一级支流进行栖息地评估，同时结合各支流中的特有鱼类组成、多年平均流量、水电开发强度等数据，对这些支流进行综合比选和保护优先级排序，最后建议将乌东德库区的龙川江和鲹鱼河、白鹤滩库区的黑水河和普渡河、溪洛渡库区的牛栏江和西溪河，以及向家坝库区的西宁河作为金沙江下游鱼类优先保护支流。

3.6.6　鱼类增殖放流措施

鱼类增殖放流措施是保护和恢复河流鱼类资源，尤其是珍稀濒危鱼类的有效措施。实施过程中，应依据放流水域生态环境适宜性和现有栖息空间的环境容量，明确放流目标、规模和规格，放流对象和规模应根据逐年放流跟踪监测结果进行调整。鱼类增殖放流措施主要适用于生物多样性保护与恢复阶段。

鱼类的增殖放流最早起源于古罗马时代，人们将鲤鱼由亚洲放流至欧洲及北美洲（徐海龙，2015）。现代鱼类增殖放流开始于 19 世纪中期，例如：1842 年，法国开始进行鳟鱼的人工繁殖和育苗培育研究并成功进行了人工放流（Liao 等，2003），从 19 世纪 80 年代起，法国开始放流人工授精孵化的虹鳟；19 世纪 70 年代，日本开始开展鲑鱼和大马哈鱼的放流工作；1871 年，美国建立鲑鱼人工孵化场，对加拿大红点鲑进行移植孵化试验，开启了美国的增殖放流渔业（Leber K M，2004）；19 世纪 80 年代，挪威建成了第一个商业性鱼类孵化场，随后不久就开始并持续对大西洋鳕鱼进行增殖放流（Svasand T，1998）；在 1862 年之前，澳大利亚就在私人水域中放流墨累河鳕鱼，之后又引进褐色鲑和大西洋三文鱼在公共水域中进行放流，1894 年开始进行虹鳟的增殖放流，这些早期的引种或增殖放流，主要目的是建立和发展休闲渔业；19 世纪末，丹麦人将英国北海幼蝶移植到丹麦饵料丰富的海湾，经过多年努力形成了自然鲽渔业。总体来说，美国、法国、挪威及日本、苏联等国家在鱼类人工增殖放流工作中积累了较多的经验，增殖放流技术也处于领先地位。如今，增殖放流已经开展 100 多年，超过 100 个国家开展了增殖放流工作，各个国家开展增殖放流活动的主要原因和动机不完全一致，可以归纳为以下几个原因：①环境恶化和过度捕捞导致的渔业资源衰退；②养护资源、修护生态环境的相关政策的出台；③为了获取更好的利润而积极进行增殖放流；④人口增长导致对资源需求的增长；⑤人工繁殖和育苗培育技术提高等（王伟，2015）。

我国人工增殖放流始于 20 世纪 50 年代，在四大家鱼人工繁殖成功后开始发展起来（邓景耀，1995），到现在已取得了一些成效。2006 年，国务院颁发了《中国水生生物资源养护行动纲要》，把水生生物增殖放流和海洋牧场建设作为养护水生生物资源的重要措施。此后，各级政府加大了对增殖放流的支持力度，无论是沿海省份还是内陆地区，都积极开展增殖放流活动。2009 年至今，农业部先后发布《水生生物增殖放流管理规定》《水生生物增殖放流技术规程》和《全国水生生物增殖放流总体规划（2011—2015年）》，对增殖放流活动进行了明确规范（罗刚 等，2014）。近 10 年来，鱼类人工增殖放流技术已日臻成熟，越来越多的土著鱼类被放流到其原有栖息环境中，为野外鱼类种群恢复提供了技术支持。例如，四大家鱼人工繁殖成功之前，我国鱼类养殖业主要依靠从自然水域中捕捞鱼苗进行养殖，数量有限、成活率低，严重制约了我国淡水养殖业的发展。20 世纪 50 年代，四大家鱼人工繁殖成功，结束了我国完全依赖自然江河捕捞四大家鱼鱼苗的历史。人工繁殖技术的推广应用产生了巨大的经济和社会效益，促进了我国淡水养殖业的发展（杨君兴 等，2013）。水电工程的鱼类增殖放流措施作为鱼类资源衰退补偿、珍稀鱼类种群延续、经济鱼类资源补充的重要手段，目前在水电工程建设和生态环保中受到越来越多的重视（危起伟 等，2005）。我国水电工程中最早采取鱼类增殖放流措施的是 20 世纪 80 年代初葛洲坝的中华鲟人工繁殖研究。中华鲟属鲟形目鲟科，为国家Ⅰ级保护动物。由于水电工程建设等外界因素和自身原因（性成熟时间长和长距离洄游）的影响，中华鲟个体数量锐减（常剑波 等，1999）。1983年，中国水产科学研究院长江水产研究所等单位研发中华鲟半人工繁殖技术，至今累计向长江、珠江等水域放流中华鲟超过600万余尾。水生态保护目前已成为社会关注的焦点，我国大中型水利水电工程已配套建成鱼类增殖放流站数十座，分布在金沙江、大渡河、雅砻江、澜沧江等多个流域，如溪洛渡、锦屏、索风营、阿海、安谷等多个在建、已建的水电站鱼类增殖放流站（单婕 等，2016），放流种类包括中华鲟、达氏鲟、胭脂鱼、裂腹鱼类、厚颌鲂、岩原鲤、中华倒刺鲃、四大家鱼等数十种。

3.7 修复后适宜性管理与技术推广

在河流生态系统中，生物与生物之间、生物与环境之间都存在着各种反馈，生态平衡是在不断循环反馈的演进过程中达到的。在河流治理与生态修复的过程中，人为干预的保护措施，是难以一步到位、一劳永逸地达到修复目标的。因此，必须要遵循自然规律，通过适宜性管理，建立"胁迫因子识别—修复基点与修复目标确定—生态修复规划制定—生态修复措施实施—适宜性管理（包括生态监测、效果评估、河流管理）—调整（包括重新识别胁迫因子、重新确定修复目标、调整规划与实施方案）"的循环负反馈调节机制，逐步缩小生态现状与健康自然状态的差距，使生态系统达到稳定趋好的状态。

适宜性管理包括生态监测、效果评估和河流管理三方面内容。生态监测是获取反馈信息的基础（Ruiz-Jaen 等，2005）；而反馈信息的获取，则须通过涵盖水文、水质、气象、河流生态水量、污染物排放、重要栖息地、标志性生物等内容的生态监测。效果评估是形成反馈信息的必要手段，随着科学技术的发展，各类生态修复的技术措施层出不穷，如生态流量下泄、生态调度、排污治理、分层

取水、生态河岸带建设、栖息地恢复、增殖放流、过鱼设施等，其
实施效果如何、措施是否合适、保护是否恰当，都缺乏有效评价，
从而使河流生态修复工作陷于盲目境地。一些学者强烈呼吁制定必
要的修复效果评估标准或准则，积极开展生态修复效果评估
（Hobbs 等，2001；Lake 等，2001）。2000 年以后，美国平均每年
投入 10 亿美元进行河流生态保护和修复工作，截至 2004 年年底，
美国共有 37000 多个河流生态保护和修复项目，其中仅有约 10% 的
项目进行了监测和评估，由此失去了吸取经验教训的宝贵机会
（Bernhardt 等，2005）。可见在河流修复工作中长期生态监测和效
果评估的重要性。河流管理则是整个循环负反馈机制的驱动力，目
前环境影响评价中的验收环节、后评价要求和正在逐步推行的许可
制度，在一定程度上为适应性管理提供了制度保障，此外还须要进
行必要的法律法规建设、生态补偿机制建设、监督与考核机制建
设、监控和应急能力建设、管理机构和队伍建设。

　　在适宜性管理的过程中，对于修复效果良好的先进成熟技术，
应列入推广计划，鼓励技术创新和技术推广，推动河流生态修复工
作的不断进步和发展。近年来，在国家"绿色发展"理念指引下，
从水行政管理部门到科研院所、生态环保企业，对河流生态修复技
术的创新和推广都投入了越来越多的关注。越来越多的河流生态修
复技术也从研发阶段逐渐步入推广阶段并走向市场。据水利部科技
推广中心统计，2011—2017 年，通过水利部科技推广计划项目及
水利技术示范项目两类专项项目扶持的河流生态修复推广项目共计
18 项，项目资金超过 2600 万元，推广项目数和资金扶持力度较
2010 年以前有大幅增加。2013—2017 年，通过科研院所和生态环
保企业自主申报，在《水利先进实用技术重点推广指导目录》上进
行推广的河流生态修复技术合计达 66 项，且呈逐年递增趋势。然
而，这些专项扶持和自主申报推广的生态修复技术多集中于水质
净化和河流结构自然化改造两个方面，且尚无较为成熟、系统的
推广模式。因此，在未来相关科学研究和技术推广方面，应鼓励
其他类型生态修复技术的创新和推广，鼓励组建多种形式的生态

修复技术创新与转化联盟，推动"产–学–研"协同创新，在政策上进一步扶持和加强河流生态修复领域共性关键技术的研发和成果转化。对于较为成熟且修复效果良好的生态修复技术和研究成果，应鼓励在多种类型的河流中先行先试，并探索在其他河流的推广应用模式。

第4章 河流栖息地特性调查与模拟分析方法

4.1 概　　述

河流栖息地特性包括现状特性和历史特性，其定量分析主要是应用实地调查和数值模拟两种手段获取相应的基础数据，在此基础上对所获取的数据进行深入挖掘、量化处理和可视化展示。本章将研究尺度聚焦于河流栖息地，着重介绍河流栖息地特性的常规调查方法和数值模拟方法。

4.2　栖息地调查方法

4.2.1　栖息地水文调查

栖息地水文调查主要包括径流量、流速、流量、泥沙含量、当地气候类型、无霜期及冰冻期、降水量、蒸发量等内容（陈大庆，2014），这些水文参数对水域中鱼类的生长发育、产卵繁殖、洄游、越冬和数量变动等有直接或间接的影响。

（1）径流。径流是指降雨及冰雪融水在重力作用下沿地表或地下流动的水流。径流有不同的类型，按水流来源可分为降雨径流和融水径流；按流动方式可分为地表径流和地下径流，地表径流又分为坡面流和河槽流。

径流能够引起河流、湖泊等生态系统水文情势的变化，是水文循环和水量平衡的基本要素（沈冰 等，《水文学原理》）。径流量通常通过水文站、径流站以及野外考察获得，包括总径流量、多年平均径流量、最近年份径流量、逐月径流量等；表示径流大小的参数有流量、径流总量、径流深、径流模数等。

（2）水深。水深指水面至河底的垂直距离。不同地形、不同流量决定了各个区域水深不同，枯水期和丰水期的水深也差异明显。对于河流中岸边水深较浅并且水流平缓的区域，可直接利用卷尺测量；对于水深较浅但水流紊动较大的区域，可利用标杆测量；对水深较深的区域可用重锤法测量。对于规模较大的河流，各点的水深情况常采用超声波测深仪来测定。

（3）流速。流速指水流质点在单位时间内通过的距离。渠道和河道中水流各点的流速不相同。鱼类和其他水生生物通常对其周围较小范围内的流速变化有反应（Growns 等，1994）。常用的流速包括平均流速、最大和最小流速、表层流速、底层流速和岸边流速等，为了计算方便，通常用横断面平均流速表示该断面水流的流速。测量流速时可按需要选择测点，测量水流平均流速。

流速的测量主要有两种方法：①流速仪法［《河流流量测验规范》（GB 50179—1993）］：将流速仪旋桨置于待测点，旋桨入流方向与水流方向保持一致，待稳定后，即可读出水流瞬时速度。②浮标法：以测量点为中心设置上、下两个断面，在上、下两个断面插上硬质标杆作为起点和终点，设两断面间的距离为 s，选用颜色明亮的浮标，从上游面释放，并开始计时；当通过下游标杆时计为 t，则测量点的流速为 $v=s/t$（孟伟 等，2011）。

（4）流量。流量指单位时间内流经管道或河道有效横截面的流体量。从水力学角度讲，流量指单位时间内通过某一过水断面的水体体积。流量是水文循环的产物，它随地形、地质概况、气候、季节、植被和流域的变化而变化。河流流量的变化会影响水深、底层成分、悬浮沉积物负荷量、营养物质和沉积物的运输等。流量直接影响栖息地的结构组成，并且流量的可变性在很大程度上决定了栖息地的稳定性。

流量测量可分为浮标法、流速仪法、超声波法等。其中流速仪法和浮标法是将测量出的分割成若干个断面的平均流速与断面面积相乘，其乘积即为全断面的流量。而超声波法主要采用声学多普勒流速仪（Acoustic Doppler Current Profilers，AD-CP），利用多普勒效应，向水底或对岸发出声波，声波遇到水底或岸边后反射回来，从而获得河流分层流速信息，然后计算出断面的流量。

河流流量和流速的变化显著影响鱼类的生长、发育和繁殖，是探究鱼类生存环境，进行鱼类栖息地保护的重要因素。

（5）涨水期和枯水期的起始时间、持续时间。涨水期是指在江河、湖泊中，由于流域内季节性或周期性降雨、融雪等引起的水位流量上涨期。枯水期是指流域内地表水流枯竭，主要依靠地下水补给水源的时期，也称枯水季。

在一年内，枯水期历时长短因流域自然地理及气象条件而异，我国各地枯水期一般由秋季开始，延续到次年春季，南方较短，北方较长。具体起始时间和持续时间须要结合相关资料调查。

（6）含沙量。河流的泥沙含量由含沙量表示，单位体积浑水中所含泥沙的质量称含沙量。含沙量有多年平均含沙量和近年含沙量之分。含沙量沿水深的分布，通常在水面处最小，河底处最大。含沙量在河流断面的分布随断面水流情况变化。具体的含沙量数据可以查询相关水文年鉴或向相关水文监测部门提出数据传输申请。

（7）降水量和蒸发量。

1）降水量指从天空降落到地面上的液态或固态（经融化后）的水，未经蒸发、渗透、流失，而在水平面上积聚的深度。一年中降下来的雨雪全部融化为水，称为年降水量。把一个地区多年的年降水量平均起来，就称为这个地区的平均年雨量。降水量的监测指在时间和空间上监测降雨量、降雨强度（在降雪地区监测雪的覆盖面积和雪深）。一般通过水文和气象部门的水文站、气象站和雨量站用雨（雪）量器直接测量雨（雪）量和降水强度，选用的雨量观测站，其资料应质量较好、系列较长、面上分布均匀。对于无监测站的广大地区，常采用天气雷达或卫星云图估算降水与实测降水量相结合的办法进行监测。

可能最大降水量是指特定流域范围内一定历时可能的理论最大降水量。确定可能最大降水量的方法主要有两种：一种是暴雨频率分析，即根据实测的和调查的暴雨资料，推算出极为稀遇频率的降水量；另一种是根据形成暴雨的基本因素——水汽和动力条件，利用模型将各种指标结合在一起，推算最大降水量。

2）蒸发量是指在一定时段内，水分经蒸发而散布到空中的量，水面和土壤的水分蒸发量分别用不同的蒸发器测定。

流域蒸发又称流域总蒸发或流域蒸散失，指流域区域内水体蒸发、土壤蒸发、植物散发、冰雪蒸发和潜水蒸发的总和，是流域水分循环的重要环节，也是水量平衡的组成要素。流域总蒸发量的大小受可能蒸发和供水条件（即蒸发面上可以获得水分补充的程度）的制约，通常由流域多年平均的降水量和径流量相减简单求得。干旱地区、半干旱地区、湿润地区和半湿润地区的蒸发量受供水条件和可能蒸发的控制而表现出较大差异。

水面蒸发指水面的水分从液态转化为气态逸出水面的过程。水面蒸发包括汽化和水汽扩散两个过程。水面蒸发量的计算方法大致可以分为两类：一类是理论计算方法；另一类是经验计算方法。理论计算方法通常利用热量平衡、空气动力学和水量平衡等原理和理论来确定水面蒸发量，而经验计算方法一般是在对实测资料精度要求不高的情况下，利用经验公式对水面蒸发量进行估算。另外，还有一种器测法——用蒸发器测定水面蒸发。由于蒸发器和实际水体的自然条件不同，仪器测量的蒸发量一般大于自然的水面蒸发，因此须要通过试验，求出蒸发器的折算系数，以此估算实际蒸发量。

实际河流中的蒸发量通常由蒸发站获得。选取资料质量较好、面上分布均匀且观测年数较长的蒸发站作为统计分析的依据，所选取蒸发站应尽量与降雨量观测站相同。

（8）气温和湿度。

1）气象学上把表示空气冷热程度的物理量称为空气温度，

简称气温。气温有年平均温度、月平均温度、年最高气温、年最低气温、各月最高和最低气温之分。气温变化分日变化和年变化。

2）湿度，表示大气干燥程度的物理量。在一定温度下，一定体积的空气里含有的水汽越少，则空气越干燥；水汽越多，则空气越潮湿。常用绝对湿度、相对湿度、比较湿度等来表示，有年平均湿度、月平均湿度、最高湿度、最低湿度之分。

气温和湿度的具体信息可查阅当地资料和气象部门网站。

（9）当地气候类型。气候类型包括四季气候特点，可以通过咨询当地气候部门或查阅相关资料获得。

（10）无霜期和冰冻期。

1）无霜期指一年中某地最后一次霜后至秋季最早的一次霜前的一整段时间。无霜期的长短因地而异，一般纬度、海拔高度越低，无霜期越长。须要结合相关部门资料调查无霜期的起止月份和总天数。

2）冰冻期指一年中开始结冰和开始解冻之间的时长。具体时长因当地气候条件而异，不同河流、不同年份的冰冻期不同。

（11）风向和风力。风向和风力随季节不同而变化。

1）风向指风吹来的方向。来自北方的风叫做北风，来自南方的风叫做南风。而气象站预报风向时，当风向在某个方位左右摇摆不能肯定时，则加上"偏"，如偏北风。一般将风速小于2m/s的风记为无风。

2）风力指从风得到的机械力。风力既有大小又有方向。用风级表示风力的强度，风的级别根据风对地面物体的影响程度而确定的，风力越强风级越大。在气象上，当前一般把风力按大小划分为13个等级。

（12）日照时数。日照时数指太阳在某地实际照射的时数。在给定的时间内，定义太阳在垂直于其光线的平面上的辐射强度超过或等于120W/m²的时间长度为日照时数。

以上各项参数的具体资料大部分可通过国家气象局、水文局、雨量站获取，除查阅水文、气象资料外，一些必需且不完整的信息，如与鱼类产卵场有关的水文条件（流速、流量）、水温变化等，可根据实际需要，自行测量。

4.2.2　栖息地水质调查

自 20 世纪 80 年代以来，城市化进程、人口增长、工农业活动等导致大量污染物进入水体，河流水质恶化，栖息地污染加剧，对鱼类栖息地造成了严重的影响，因此对栖息地水质进行监测和调查是河流污染防治的前提，是鱼类栖息地保护的基本要求。

水质，即水体质量。它标志着水体的物理（如色度、浊度、臭味等）、化学（无机物和有机物的含量）和生物（细菌、微生物、浮游生物、底栖生物）特性及其组成的状况。为评价水体质量的状况，规定了一系列水质参数和水质标准，并依据地表水水域环境功能和保护目标，将水质按功能高低依次划分为Ⅰ～Ⅴ类。饮用水类：Ⅰ类——国家自然保护区，水质未受污染；Ⅱ类——较清洁，过滤后可成为饮用水；Ⅲ类——过滤清洁后可用作普通工业水。污水类：Ⅳ类——普通农业用水，灌溉用；Ⅴ类——普通景观用水；劣Ⅴ类——无用脏水。

河流水质的调查方法有现场调查和取样监测两种，通常选取一定的位置设置监测断面观察水体的物理性质，即是否有漂浮物、颜色、气味等，并取样分析水体中酸碱度（pH 值）、生化需氧量（BOD）、化学需氧量（COD）、氨氮、硝酸盐、亚硝酸盐、挥发性酚类、氰化物、总硬度、铅、铁、锰、溶解性固体、硫酸盐、氯化物、大肠菌群等，以及反映本地区主要水质问题的其他项目。

（1）水温。水温是栖息地水质调查的一个关键因子，也是水生生物最重要的环境条件之一。由于水的许多物理特性、水中进行的化学过程和生物过程都同温度有关，所以必须对它加以确定。水温不但会直接对水生生物的生长发育、新陈代谢产生影响，影响鱼类的性腺发育和产卵时间，而且会影响其他环境条件，从而间接影响水生生物活动。地表水的温度与季节性气候有关，随日照和气温的变化而改变。

水温的测定主要采用测温计，测温计可分为液体温度计、机械式温度计和电子温度计。海表温度可采用远距离辐射探测。液体温度计主要有表面温度计和颠倒温度计两种；机械式温度计主要有深度温度计等。一般表面温度计适用于测量水体的表层温度，深度温度计适用于水深40m以内的各层水温，颠倒温度计适用于水深超过40m的水层水温。

（2）味道。目前对河流水体气味尚无完全客观的标准和监测的仪器。对于被污染的河流，只能从主观上判断是否有刺鼻的气味。

（3）色度、透明度、浊度。

1）水质色度是对天然水或处理后的各种水进行颜色定量测定时的指标。天然水由于溶于水的腐殖质、有机物或无机物质而造成水体呈现出浅黄、浅褐、黄绿等不同颜色。同样，水体受到工业废水、生活污水的污染时，也会呈现不同的颜色。目前水质色度的测定使用铂钴标准比色法，即用氯铂酸钾（K_2PtCl_6）和氯化钴（$CoCl_2 \cdot 6H_2O$）配制成测色度的标准溶液，所得溶液的色调与待测样品的色调在多数情况下是相近的，将待测样品注入比色管，用目测法对待测样品与标准溶液进行颜色比较，规定1L水中含有2.419mg的氯铂酸钾和2.00mg的氯化钴时，将铂（Pt）的浓度为1mg/L时所产生的颜色深浅定为1度。

2）水体透明度表示水体透明的程度，常采用塞氏盘法测定。选择避免阳光直射的区域，将塞氏盘缓缓平放沉入水中，至刚好见不到塞氏盘上的黑白分界线时读取数值。

3）浊度，即浑浊度，表示水体的浑浊程度。水体中由于含有悬浮物及胶体状态的杂质而产生浑浊现象，浑浊度可作为悬浮物质含量的指标之一，表明的是水体中不溶解的悬浮和漂浮物质。将待测水样与各种不同浑浊度的标准浑水进行直接或间接的比较，即可得到水样的浊度。标准浑水由蒸馏水和二氧化硅

（硅藻土或漂白土）配成。浑浊度为 1 度时相当于 1L 水中含 1g 二氧化硅。

（4）pH 值、溶解氧（DO）、氨氮、电导率等。

1）pH 值是衡量水体酸碱度的一个值。通常情况下，pH 值越趋于 0 表示溶液酸性越强，pH 值越趋于 14 表示溶液碱性越强；当 pH 值小于 7 的时候，溶液呈酸性；当 pH 值大于 7 的时候，溶液呈碱性；当 pH 值等于 7 的时候，溶液为中性。正常情况下要求水体的 pH 值在 6～9 范围内。室内实验中测量 pH 值通常用 pH 试纸、pH 试剂。

2）溶解氧（DO）指溶解在水中的分子态氧。溶解氧的含量与空气中氧的分压、大气压和水温都有密切关系。水体中溶解氧含量多少是衡量水体自净能力的一个指标。水里的溶解氧被消耗，要恢复到初始状态所需要的时间短，说明水体的自净能力强，或者说水体污染不严重。

3）氨氮指水中以游离氨（NH_3）和铵离子（NH_4^+）形式存在的氮。自然地表水体和地下水体中主要以硝酸盐氮为主，受污染水体的氨叫水合氨，是引起水生生物毒害的主要因子。

4）电导率是指一定体积溶液的电导，即在 25℃ 时面积为 $1cm^2$、间距为 1cm 的两片平板电极间溶液的电导。蒸馏水的电导率为 $0.2～2\mu S/cm$，天然水的电导率多为 $50～500\mu S/cm$，矿化水的电导率可达 $500～1000\mu S/cm$；含酸、碱、盐的工业废水电导率往往超过 $10000\mu S/cm$；海水的电导率约为 $30000\mu S/cm$。电导率是衡量水纯净程度的一项重要指标，《地表水环境质量标准》（GB 3838—2002）规定标准纯净水中电导率不得高于 $10\mu S/cm$。

pH 值、DO、氨氮、电导率等是水体水质测量的几个标志性指标。可采用便携式多功能水质分析仪直接进行现场或实验室水质测量。将采集的水样置于样品储存容器中或塑料桶内，然后将分析仪探头浸入水面以下，静置 5min，待读数稳定后读取并记录数值。注意水样不宜在空气中暴露时间过长，并且水质分析仪在使用前应先用标准试剂进行校准。

4.2.3 栖息地地形、流场调查

河流地形、流场特征对栖息地的结构和功能有重要影响。对栖息地的地形、流场情况进行调查的目的是掌握水生生物栖息地所发生的变化和基本情况，为分析鱼类产卵和栖息习性提供定量的实际数据支持，以提高研究的可信性和有效性。

目前，栖息地地形和流场的高效测量一般是应用快艇、渔船、无人船等搭载走航式声学多普勒流速剖面仪（ADCP）、GNSS全球卫星导航系统、测量软件和导航软件，组成水下地形和流场的同步测量系统。

根据《声学多普勒流量测验规范》（SL 337—2006），测量方法采用横断面法。断面的布设密度一般根据测量地的江段长度、江宽和弯道等因素确定，一般江宽固定，流速情况相同且无弯道的一段，理论上只需要在这一段首尾各布设一个断面，考虑到断面密度不应太大，可以在较长一段的江段中间布设若干断面。断面的布设应重点考虑弯道、沙洲，以及反水区和回水区。采样断面布设参考如图 4.2-1 中的断面 1～断面 24 所示。开始测量时，在起点位置调整好航向，出发时启动 ADCP 配套测量软件，按照导航图上的"之"字形测流线航行。测船应尽量靠近岸边，以减小两岸的盲区位置，船速应尽量放缓，宜接近或略小于水流速度。

ADCP 在测量过程中进行剖面流速、经纬度坐标位置的连续采样。相当于将沿航迹的断面划分成多个微断面，每个微断面在垂向又划分为若干单元（称为砰单元），流速、水深、位置坐标、流量等数据是以 ASCII 码数据文件形式，按砰为单元进行存储。提取每个测量断面、各个砰单元的流速矢量、水深、经纬度坐标等数据，可绘制相应三维地形图与流场图。

4.2.4 栖息地生物调查

水生生物种类繁多，包括各种微生物、藻类以及水生高等植物、各种无脊椎动物和脊椎动物。其生活方式也多种多样，有漂

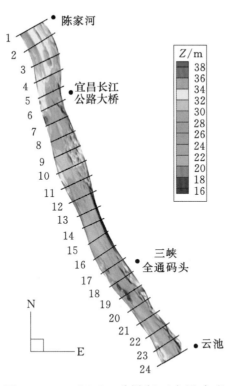

图 4.2 - 1 ADCP 采样断面布设参考

浮、浮游、游泳、固着和穴居等（刘健康，2000），有的适于浅水中生活，有的则适于深水中生活。水生生物按功能划分，包括自养生物（水生植物）、异养生物（水生动物）和分解者（水生微生物），不同功能的生物种群生活在一起构成栖息地特定的生物群落，不同生物群落之间及其与环境之间，进行物质交换、相互作用和能量流动，对栖息地生态保护起重要作用。

4.2.4.1 浮游生物调查

浮游生物指生活于水中、缺乏有效移动能力的漂流生物，包括浮游植物和浮游动物，前者主要为浮游藻类，后者主要包括原生动物、轮虫、枝角类和桡足类（章宗涉 等，1995）。浮游生物体型微小，大多数用肉眼看不见，悬浮在水中且游泳能力很差，主要受水流支配而移动。

（1）采样点布设。根据水体面积、形态、浮游生物的生态分布特点和调查的目的等决定采样点数量。采样点应具有代表性，能代表整个水体浮游生物的基本情况。采样点数量设置见表 4.2－1。

表 4.2－1　　　　　　　采 样 点 数 量 设 置

水体面积/km²	<2	2～5	5～20	20～50	50～100	100～500	>500
采样点数/个	3	3～5	5～7	7～10	10～15	15～20	20～30

采样断面应选择人工景观较少的区域。河流交汇处和桥墩等人工景观上游 200m 处可设采样断面。在江河干流上游、中游、下游，主要支流汇合口上游、汇合口下游，以及主要排污口附近、河口区等河段设置采样断面。对于流速不同的区域，应分设采样点和采样混合样品。

（2）试剂、采样设备和工具。鲁哥氏液用于水样中浮游植物的固定。甲醛溶液用于浮游动物的固定。

浮游生物的采集可用浮游生物网，根据浮游生物的大小，可分别用 13 号和 25 号两种规格的浮游生物网进行采集，孔径分别为 0.112mm 和 0.064mm、采水器（水深小于 10m 的水体可用玻璃瓶采水器，深水必须用颠倒式采水器或有机玻璃采水器，规格为 1000mL、5000mL）、水样瓶（30mL 或 50mL）、塑料水桶（20L）、橡胶手套、记号笔、铅笔、标签纸、记录本等。

（3）采样层次。对于浮游植物：水深小于 3m 时，只在中层采样；水深为 3～6m 时，在表层、底层采样，其中表层水在离水面 0.5m 处，底层水在离泥面 0.5m 处；水深为 6～10m 时，在底层、中层、表层采样；水深大于 10m 时，在表层、5m、10m 水深层采样，10m 以下除特殊要求外一般不采样。

（4）采样量。采样量应根据浮游生物密度而定，一般原则是：浮游生物密度高时，可减少采样量；密度低时则须增加采样量。流速较快的河流中浮游生物密度偏低，须要加大采样量。对于浮游植物，一般要采集 2L 水，加入 1.5% 体积比例的鲁哥氏液进行固定。对于浮游动物，一般须要采集 50～100L 水，通过 25 号浮游生物网过滤，然后再加 5% 体积比例的甲醛溶液固定（赵文，2005）。

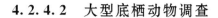

4.2.4.2　大型底栖动物调查

底栖动物是指生活史的全部或大部分时间生活在水体底部的水生动物群。栖息的形式多为固着于岩石等坚硬的基体上和埋没于泥沙等松软的基底中，此外，还有附着于植物或其他底栖动物体表生存。底栖动物主要包括扁形动物、环节动物、线形动物和软体动物等（Resh 和 Rosenberg，1984）。按其尺寸，底栖动物可分大型底栖动物（体长不小于 1mm）、中型底栖动物（体长为 0.5～1mm）和小型底栖动物（体长不大于 0.5mm），通常情况下认为大型底栖动物不能通过 200～500μm 的筛网（slack 等，1973；Weber，1973；Wiederholm，1980；Suess，1985）。按其生活方式，分固着型（固着在水底或水中物体上生活）、底埋型（埋在水底泥中生活）、钻蚀型（钻入木石、土岸或水生植物茎叶中生活的动物）、底栖型（在水底土壤表面生活）和自由移动型（在水底爬行或在水层游泳一段时间的动物）。

（1）采样点布设。在选定采集点前，要对所调查的水域进行全面了解，根据不同环境特点，选择代表水域特点的地区和地带设置断面和采样点。断面和采样点的数量设置视环境情况而定，大型水体的采样断面一般为 5～6 个，中型水体的采样断面一般为 3～5 个，小型水体的采样断面一般为 3 个，对于流速不同的区域应分设采样点或在结合处采集混合样品（Hauer 和 Lamberti，2007；James 和 Evison，1979）。采样断面上直线设点，采样点的间距一般为 100～500m。

（2）采样设备和工具。包括带网夹泥器（开口面积为 1/6m²）、彼得生采泥器（采样框面积为 1/8m²、1/16m²、1/32m²）、D 型网或索伯网（Hauer 和 Lamberti，2007）、40 目和 60 目的分样筛、塑料桶、记录本等。

（3）采集方法。

1）定性采样：在水面开阔、栖息环境较为一致的缓流和急流中用手网采集，对一些特殊环境（如沿岸区、静水区等），则用 D 型网采样。D 型网目前较为流行，可根据采样需求选择 40 目或

60 目网，其底边约为 0.3m，半圆框半径约为 0.25m，样框本身为半圆形。

D 型网的采样操作分为定面积采样法和定时采样法。定面积采样法预先设定河道中一定面积的区域，然后利用 D 型网对此面积区域内的底质进行细致的扰动与标本的收集；定时采样法则设定一个采样时段，在此时段内对河道中不同栖息地类型进行细致的采样，采样者可根据栖息地的特征，设计 5min、10min、15min 不等的采样时段。

2）定量采样：对于螺、蚌等较大型底栖动物，一般用带网夹泥器采集。采得泥样后应将网口封闭，放在水中涤荡，清除网中泥沙，然后提出水面，对网中螺、蚌等底栖动物计数并记录。水生昆虫、水栖寡毛类和小型软体动物，用改良彼得生采泥器采集，将采得的泥样全部倒入塑料桶内，经 40 目或 60 目分样筛筛选冲洗后，捡出筛上可见的全部动物。

4.2.4.3　大型水生植物调查

大型水生植物是生态学范畴上的类群，包括种子植物、蕨类植物、苔藓植物中的水生类群和藻类植物中以假根着生的大型藻类，是不同分类群植物长期适应水环境而形成的趋同适应的表现型。一般按其生活型分为挺水植物、浮叶植物（漂浮植物和根生浮叶植物）和沉水植物（Hauer 和 Lamberti，2007）。

大型水生植物对河流生态系统有重要影响作用，可作为大型底栖动物和鱼类的栖息环境，能有效吸附水体中的悬浮物并固定有机质颗粒，对河流生态系统保护有重要作用（Bowden，1999；Horvath，2004）。

（1）采样点布设。所选的样点应包含该样点植物群落完整的特征且具有代表性。采样断面应平行排列，也可为"之"字形。采样断面的间距一般为 50～100m。采样断面上采样点的间距一般为100～200m。

（2）采样工具。包括水草定量夹、采样方框、带柄手抄网、天平、植物采集记录本等。

（3）采样方法。

1）定量采样：定量采样季节应选在生物量的高峰期（一般为秋季），挺水植物一般用 $1m^2$ 采样方框采集，采集时，将方框内的全部植物从基部割取。沉水植物、浮叶植物和漂浮植物，一般用采样面积为 $0.25m^2$ 的水草定量夹采集，采集时将水草夹张开插入水底，然后用力夹紧，把方框内的全部植物连根带泥夹起。冲洗淤泥，将网内水草洗净放入有编号的收集袋内。

2）定性采样：应尽量在开花和果实发育的生长高峰期季节采样，采集样品应完整。挺水植物用手采集，浮叶植物和沉水植物用水草采集耙采集，漂浮植物直接用手或带柄手抄网采集。

4.2.4.4 鱼类调查

河流鱼类指栖息于河流水域的鱼类，包括定居在河流、在河湖间迁徙以及在海、河间洄游的种类。鱼类作为河流生态系统中最重要的生物种类之一，是河流中主要的捕食者，对整个河流生态系统的物质循环和能量流动起着重要作用。鱼类资源属于可再生资源，受自然因素和人为因素的制约和影响，其数量不断发生变化（陈大庆，2014）。河流鱼类调查对分析其种群数量变化、保护生态平衡有着重要作用。

（1）采样点布设。采样点选择应考虑河流区域的多样性，包括浅水区、深水区、水草丛生区等。采样点应选择人工景观较少的区域，如遇河流交汇处和桥墩等人工景观，可在其上游 200m 处设采样区域。

一般可采用电网法或撒网法采集，其中电网法既适用于浅水的溪流区域，也适用于水体较深的沿岸地带。撒网法仅适用于较深的中下游区域（孟伟 等，2011）。

（2）采样工具与设备。包括电鱼器、渔网、量鱼板、流速仪、卷尺、电子秤、抄网、塑料桶、记录本等。

（3）采样方法。对于生态环境复杂的区域，如河流上游区域，以鹅卵石为主的浅滩和水生植物密集的河岸带，采样时可以一个人用电鱼器电鱼，另一个人负责用抄网收集样品，并及时记录生态环境因子，采样时间为 30～60min（Barbour 等，1999）。

对于生态环境较为简单的区域，如河流中下游区域，不可涉水，河流底质以泥沙为主，采样时，在河岸浅水区（水深小于 1m）可采用电鱼法，中央深水区则主要雇用渔船进行拖网捕鱼，每个采样点距离不超过 100m（Barbour 等，1999）。

4.2.5　栖息地调查方法的尺度和应用局限性

栖息地调查方法的空间尺度一般为河段尺度（几百米至几千米），时间尺度一般为小时尺度或天尺度，通常只能选择重要栖息地和关键时期进行调查。例如，四大家鱼产卵场流场特性调查，为捕捉一个涨水过程的流场变化对鱼类繁殖的刺激作用，一般选择在某个天然涨水过程或者生态调度期间（持续 3～10 天），每天对同一产卵场江段进行重复流场测量，当前测量天然河流三维流场的技术方法一般是应用快艇搭载多普勒流速剖面仪（ADCP）在江面穿梭航行测量。以长江中游为例，若每天每艘船测量 40～60 个断面，测量断面的间距为 500m，则每天产卵场流场的测量范围为 20～30km。

从上面的例子可以看出，栖息地调查方法受到显著的时间和空间尺度限制，且调查的时间和空间解析度均不足，调查数据较为离散，调查结果将呈现出不连续、斑块化的特性，可能捕捉不到反映栖息地特性的细微空间和时间变化规律。另外，栖息地调查对于人力、物力的投入较大，这也不利于开展大量的重复测量和重复试验工作。因此，在研究栖息地的大时空尺度、细节特性变化问题时，需要借助其他手段。

4.3　栖息地模拟分析方法

在应用栖息地调查方法分析河流栖息地特性时，常出现时空解析度不足、分析结果斑块化等问题，为了有效解决相关问题，可借助数值模拟方法，模拟、反演和数字化分析河流的栖息地特性。

4.3.1　大尺度准三维模拟方法

大多数淡水鱼类将在河流、湖泊或水库中完成其生命周期的大部分阶段或全部阶段，生活周期常跨越数月，甚至数年，同时鱼类栖息地的范围通常很广，常绵延数十千米，甚至上百千米，且鱼类在河流中的生活周期也常跨越数月，甚至数年。然而，即便是最先进的计算机，应用三维完整描述的水动力模型求解这种大空间尺度和大时间尺度的栖息地数值问题仍然非常困难。因此，有必要对水动力模型进行适当简化。准三维（分层三维）模拟方法被大量研究表明是有效解决大尺度河流栖息地模拟的简化方法，并成功应用于实践分析中。下面将首先介绍这种准三维模拟方法的基本近似，然后介绍其基本控制方程和紊流封闭模型，最后介绍准三维模型的优缺点。

4.3.1.1　基本近似

（1）浅水近似。浅水波（长波）是指水深远小于波长的波动。

$$H \ll \frac{\lambda}{2\pi} \tag{4.3-1}$$

式中：H 为水深；λ 为波长。

在浅水波条件下，重力波波速只与水深有关，与波数 k 无关（$k = 2\pi/L$）。

$$c = \sqrt{gH} \tag{4.3-2}$$

式中：c 为重力波速度；g 为重力加速度。

在浅水波条件下，水平运动尺度 L 远大于垂直运动尺度 H。

$$\frac{H}{L} \ll 1 \tag{4.3-3}$$

浅水近似是指 $\frac{H}{L} \leqslant 0.05$ 时，可近似认为满足浅水波条件。对于大多数宽浅河流、湖泊、河口和沿海的水动力过程，浅水近似是合理的。下面即将阐述的 Boussinesq 近似、静水压近似和准三维近似，分别反映了浅水水体的不同方面特性。

（2）Boussinesq 近似。Boussinesq 近似是指在密度变化不大的流体问题中，只在重力项和浮力项中考虑密度变化，而在控制方程的其他项中不考虑密度变化。在河流运动的大多数情况下（高速水流运动除外），一般可认为流体不可压缩，即水体密度不随压力变化而变化，Boussinesq 近似是合理的。

（3）静水压近似。静水压近似是指对于水平尺度远大于垂直尺度的流体运动，认为垂向加速度很小，可以忽略。

一般情况下，垂向动量方程可写为：

$$\frac{\partial w}{\partial t} = g - \frac{1}{\rho}\frac{\partial p}{\partial z} \tag{4.3-4}$$

式中：w 为垂向速度；t 为时间；g 为重力加速度；ρ 为水体密度；p 为水体压力；z 为垂向坐标。

静水压近似忽略了 $\dfrac{\partial w}{\partial t}$ 项，垂向动量方程简化为静水压方程：

$$\frac{1}{\rho}\frac{\partial p}{\partial z} = g \tag{4.3-5}$$

对于宽浅河流，湖泊、河口的水动力问题，静水压近似是合理的。但当垂向运动尺度与水平运动尺度相近时，如狭长河流、峡谷河流、河床地形起伏变化剧烈的河流，水体中垂向加速度不可忽略，静水压近似将失效。

（4）准三维近似。准三维近似是指将三维水体结构近似为沿水平方向分层的结构，层间的水体交换以源汇项形式表示。对于宽浅河流，湖泊、河口的水动力问题，准三维近似具有足够的计算精度和经济性。

4.3.1.2　控制方程与湍流模型

在河流准三维的水动力数值模型中，为了使垂向网格的分层数量较为统一，在水动力方程的描述上一般垂直方向采用 Sigma 坐标系，水平方向采用直角坐标系。

（1）垂向 Sigma 坐标系与直角坐标系的映射关系为：

$$z = \frac{z^* + h}{\eta + h} \tag{4.3-6}$$

式中：z 为垂向的 Sigma 坐标，即变换的无量纲垂直坐标；z^* 为垂向的直角坐标；h 为水深；η 为自由液面坐标。

$z=0$ 表明该位置位于河流底部，此时 $z^*=-h$；$z=1$ 表明该位置位于自由液面，此时 $z^*=\eta$。

（2）垂向 Sigma 坐标、水平直角坐标下的三维水动力方程。

1）连续方程：

$$\frac{\partial H}{\partial t}+\frac{\partial(uH)}{\partial x}+\frac{\partial(vH)}{\partial y}+\frac{\partial(wH)}{\partial z}=Q_H \qquad (4.3-7)$$

其中
$$H=h+\eta$$

式中：H 为总深度，即自由面位移 η 与平均水深 h 之和；u 为 x 向流速，m/s；v 为 y 向流速，m/s；w 为 z 向流速，m/s；Q_H 为单位面积进入控制体的水量，m³/s。

2）动量方程：

$$\frac{\partial(Hu)}{\partial t}+\frac{\partial(Huu)}{\partial x}+\frac{\partial(Huv)}{\partial y}+\frac{\partial(uw)}{\partial z}-fHv$$

$$=-H\frac{\partial(p+g\eta)}{\partial x}+\left[-\frac{\partial h}{\partial x}+z\frac{\partial H}{\partial x}\right]\frac{\partial p}{\partial z}+\frac{\partial}{\partial x}\left(\frac{A_v}{H}\frac{\partial u}{\partial z}\right)+Q_u$$

$$(4.3-8)$$

$$\frac{\partial(Hv)}{\partial t}+\frac{\partial(Huv)}{\partial x}+\frac{\partial(Hvv)}{\partial y}+\frac{\partial(vw)}{\partial z}+fHu$$

$$=-H\frac{\partial(p+g\eta)}{\partial y}+\left[-\frac{\partial h}{\partial y}+z\frac{\partial H}{\partial y}\right]\frac{\partial p}{\partial z}+\frac{\partial}{\partial z}\left(\frac{A_v}{H}\frac{\partial v}{\partial \sigma}\right)+Q_u$$

$$(4.3-9)$$

$$\frac{\partial p}{\partial z}=-gH\frac{(\rho-\rho_0)}{\rho_0}=-gHb \qquad (4.3-10)$$

$$(t_{xz},t_{yz})=\frac{A_v}{H}\frac{\partial}{\partial z}(u,v) \qquad (4.3-11)$$

式中：A_v 为垂向湍流动量黏滞系数；p 为附加静水压；b 为相对浮力；ρ 为密度，由状态方程确定；ρ_0 为参考密度；t_{xz} 为 x 向的垂向剪切力；t_{yz} 为 y 向的垂向剪切力。

3）能量方程：

$$\frac{\partial(HT)}{\partial t}+\frac{\partial(HuT)}{\partial x}+\frac{\partial(HvT)}{\partial y}+\frac{\partial(wT)}{\partial z}=\frac{\partial}{\partial z}\left[\frac{A_b}{H}\frac{\partial T}{\partial z}\right]+HR_T+Q_T$$

$$(4.3-12)$$

式中：T 为温度；R_T 为太阳辐射产生的热量；Q_T 为外部热量源汇。

（3）湍流模型。本书介绍 Mellor 提出的湍流封闭模型，即式（4.3－13）～式（4.3－15）。

$$A_v=\phi_v ql=0.4\times\frac{(1+8R_q)ql}{(1+36R_q)(1+6R_q)}\qquad(4.3-13)$$

$$A_b=\phi_b ql=\frac{0.5ql}{1+36R_q}\qquad(4.3-14)$$

$$R_q=-\frac{qH\dfrac{\partial b}{\partial z}}{q^2}\frac{l^2}{H^2}\qquad(4.3-15)$$

式中：A_v 为垂向湍流动量黏滞系数；A_b 为垂向湍流质量传输系数；R_q 为 Richardson 数；q 为垂向湍流强度；l 为垂向湍流长度尺度。

湍流传输方程：

$$\frac{\partial(Hq^2)}{\partial t}+\frac{\partial(Huq^2)}{\partial x}+\frac{\partial(Hvq^2)}{\partial y}+\frac{\partial(wq^2)}{\partial z}$$

$$=-\frac{\partial}{\partial z}\left[\frac{A_q}{H}\frac{\partial q^2}{\partial z}\right]+2\frac{A_v}{H}\left[\left(\frac{\partial u}{\partial z}\right)^2+\left(\frac{\partial v}{\partial z}\right)^2\right]+2gA_b\frac{\partial b}{\partial z}-2\frac{Hq^3}{B_l l}+Q_q$$

$$(4.3-16)$$

$$\frac{\partial(Hq^2l)}{\partial t}+\frac{\partial(Huq^2l)}{\partial x}+\frac{\partial(Hvq^2l)}{\partial y}+\frac{\partial(wq^2l)}{\partial z}$$

$$=-\frac{\partial}{\partial z}\left[\frac{A_q}{H}\frac{\partial(q^2l)}{\partial z}\right]+E_l l\frac{A_v}{H}\left[\left(\frac{\partial u}{\partial z}\right)^2+\left(\frac{\partial v}{\partial z}\right)^2\right]+gE_l lA_b\frac{\partial b}{\partial z}$$

$$-\frac{Hq^3}{B_l}\left\{1+E_2\left[\frac{l}{\kappa Hz}\right]+E_3\left[\frac{l}{\kappa H(1-z)}\right]^2\right\}+Q_l\qquad(4.3-17)$$

式中：κ 为卡门常数，一般取 0.4；B_l、E_l、E_2 和 E_3 为经验常数，一般分别取 16.6、1.8、1.33 和 0.25；Q_q 和 Q_l 是亚网格尺度下的水平耗散所附加的源汇项；A_q 为垂向湍流扩散系数，一般取

$A_q \leqslant 0.2ql$。

4.3.1.3 准三维模型的优缺点

对于模拟宽浅河流、湖泊、河口等诸多水动力问题，准三维栖息地数值模型具有足够的计算精度，同时在求解大时空尺度问题上具有显著优势，且对计算机性能要求较低，计算速度快，计算耗时少。

对于狭长河口、峡谷型河流、窄深水库等水平尺度与垂向尺度相当的水动力问题，或是河床起伏显著、垂向运动主导的水动力问题，准三维模型中的浅水近似、准三维近似和静压近似将失效，继而导致垂向流速误差较大，在求解弯道二次流问题时，也不能很好地模拟河道横断面的二次流现象。准三维模型的主要优缺点对比见表4.3-1。

表 4.3-1　　　　　　　　　　准三维模型的优缺点对比

优　点	缺　点
• 在求解宽浅河流、湖泊、河口的水动力问题时，模拟结果具有足够的精度； • 在求解大时间和大空尺度问题时，具有显著优势，能够有效模拟大范围、长时间的流场、水环境、泥沙等演变特性； • 对计算机性能要求较低； • 计算速度快、计算耗时少	• 在求解狭长河口、峡谷型河流、窄深水库等水平尺度与垂向尺度相当的水动力问题时，垂向流速误差较大； • 在求解河床起伏显著、垂向运动主导的水动力问题时，垂向流速误差较大； • 在求解弯道二次流问题时，不能很好地模拟横断面的二次流现象

4.3.2　局部三维精细模拟方法

航道整治工程、河道采砂、水利水电工程建设或调度运行等人类活动会对一些重要的鱼类栖息地（如产卵场）产生影响。例如，葛洲坝下游江心堤填筑和二江下槽开挖等河势调整工程是否会对中华鲟产卵场产生影响、影响范围有多大？长江上游珍稀特有鱼类国家级自然保护区的河道内滥采、乱挖砂石等非法采砂行为对保护区鱼类栖息地的破坏程度是多少？三峡和葛洲坝采取何种调度运行方式，能改善葛洲坝下游中华鲟产卵场在繁殖期的水动力条件、提高产卵适宜空间？回答这些问题需要更为精细的三维模拟方法。下面介绍三维模拟方法的基本控制方程、紊流封闭模型和三维模型的优缺点。

4.3.2.1　基本控制方程

任何流体运动都要遵循物理守恒定律，基本的守恒定律包括质量守恒定律、动量守恒定律和能量守恒定律。

（1）质量守恒方程。任何流动问题都必须满足质量守恒定律，该定律可表述为单位时间内流体控制体积内质量的增加等于同一时间间隔内流入该控制体积的净质量。由该定律可得出以下质量守恒方程：

$$\frac{\partial \rho}{\partial t} + \frac{\partial (\rho u)}{\partial x} + \frac{\partial (\rho v)}{\partial y} + \frac{\partial (\rho w)}{\partial z} = 0 \qquad (4.3-18)$$

式中：u、v、w 分别为 x、y、z 3 个方向的速度分量，m/s；t 为时间，s；ρ 为密度，kg/m³。

若流体不可压，密度 ρ 为常数，则式（4.3-18）变为：

$$\frac{\partial u}{\partial x} + \frac{\partial v}{\partial y} + \frac{\partial w}{\partial z} = 0 \qquad (4.3-19)$$

式（4.3-19）即为不可压缩流体的连续性方程。

（2）动量守恒方程。动量守恒定律也是任何流动问题都必须满足的基本定律，该定律可表述为流体微元的动量对时间的变化率等于外界作用于该微元体上的各种力之和。该定律实际上为牛顿第二定律。根据这一定律，可推导出 x、y、z 3 个方向的动量方程如下：

$$\rho \left[\frac{\partial u}{\partial t} \right] + \nabla \cdot (\rho u \vec{u}) = -\frac{\partial p}{\partial x} + \frac{\partial \tau_{xx}}{\partial x} + \frac{\partial \tau_{yx}}{\partial y} + \frac{\partial \tau_{zx}}{\partial z} + \rho f_x \qquad (4.3-20a)$$

$$\rho \left[\frac{\partial v}{\partial t} \right] + \nabla \cdot (\rho v \vec{u}) = -\frac{\partial p}{\partial y} + \frac{\partial \tau_{xy}}{\partial x} + \frac{\partial \tau_{yy}}{\partial y} + \frac{\partial \tau_{zy}}{\partial z} + \rho f_y \qquad (4.3-20b)$$

$$\rho \left[\frac{\partial w}{\partial t} \right] + \nabla \cdot (\rho \vec{w u}) = -\frac{\partial p}{\partial z} + \frac{\partial \tau_{xz}}{\partial x} + \frac{\partial \tau_{yz}}{\partial y} + \frac{\partial \tau_{zz}}{\partial z} + \rho f_z \qquad (4.3-20c)$$

式中：$\vec{u}$ 为速度矢量；p 为流体微元的压力，Pa；τ_{xx}、τ_{xy} 和 τ_{xz} 等是由分子黏性作用产生的作用在流体微元表面的黏性应力 τ 的分量，Pa；f_x、f_y 和 f_z 为 x、y、z 方向的单位质量力，m²/s，若单位质量力只受重力作用，且 z 轴垂直向上的方向为正，则 $f_x = 0$，$f_y = 0$，$f_z = -g$。

对于牛顿流体，根据流体应力与应变率的关系，即流体变形律或本构方程，存在如下关系式：

$$\tau_{xx} = 2\mu \frac{\partial u}{\partial x} + \lambda \nabla \cdot \vec{u} \qquad (4.3-21a)$$

$$\tau_{yy} = 2\mu \frac{\partial v}{\partial y} + \lambda \nabla \cdot \vec{u} \qquad (4.3-21b)$$

$$\tau_{zz} = 2\mu \frac{\partial w}{\partial z} + \lambda \nabla \cdot \vec{u} \qquad (4.3-21c)$$

$$\tau_{xy} = \tau_{yx} = \mu \left(\frac{\partial u}{\partial y} + \frac{\partial v}{\partial x} \right) \qquad (4.3-21d)$$

$$\tau_{xz} = \tau_{zx} = \mu \left(\frac{\partial u}{\partial z} + \frac{\partial w}{\partial x} \right) \qquad (4.3-21e)$$

$$\tau_{yz} = \tau_{zy} = \mu \left(\frac{\partial v}{\partial z} + \frac{\partial w}{\partial y} \right) \qquad (4.3-21f)$$

式中：μ 为动力黏度，Pa·s，通常取为 $-2/3$。

将式（4.3-21）代入式（4.3-20）可得：

$$\frac{\partial(\rho u)}{\partial t} + \nabla \cdot (\rho \vec{uu}) = -\frac{\partial p}{\partial x} + \nabla \cdot (\mu \mathbf{grad} u) + S_u \qquad (4.3-22a)$$

$$\frac{\partial(\rho v)}{\partial t} + \nabla \cdot (\rho \vec{vu}) = -\frac{\partial p}{\partial y} + \nabla \cdot (\mu \mathbf{grad} v) + S_v \qquad (4.3-22b)$$

$$\frac{\partial(\rho w)}{\partial t} + \nabla \cdot (\rho \vec{wu}) = -\frac{\partial p}{\partial z} + \nabla \cdot (\mu \mathbf{grad} w) + S_w \qquad (4.3-22c)$$

式中：S_u、S_v 和 S_w 是动量守恒方程的广义源项。

式（4.3-22）可展开写成如下形式：

$$\frac{\partial(\rho u)}{\partial t} + \frac{\partial(\rho uu)}{\partial x} + \frac{\partial(\rho uv)}{\partial y} + \frac{\partial(\rho uw)}{\partial z}$$

$$= -\frac{\partial p}{\partial x} + \frac{\partial}{\partial x} \left(\mu \frac{\partial u}{\partial x} \right) + \frac{\partial}{\partial y} \left(\mu \frac{\partial u}{\partial y} \right) + \frac{\partial}{\partial z} \left(\mu \frac{\partial u}{\partial z} \right) + S_u \qquad (4.3-23a)$$

$$\frac{\partial(\rho v)}{\partial t} + \frac{\partial(\rho vu)}{\partial x} + \frac{\partial(\rho vv)}{\partial y} + \frac{\partial(\rho vw)}{\partial z}$$

$$= -\frac{\partial p}{\partial y} + \frac{\partial}{\partial x}\left[\mu\,\frac{\partial v}{\partial x}\right] + \frac{\partial}{\partial y}\left[\mu\,\frac{\partial v}{\partial y}\right] + \frac{\partial}{\partial z}\left[\mu\,\frac{\partial v}{\partial z}\right] + S_v$$

$$(4.3-23b)$$

$$\frac{\partial(\rho w)}{\partial t} + \frac{\partial(\rho wu)}{\partial x} + \frac{\partial(\rho wv)}{\partial y} + \frac{\partial(\rho ww)}{\partial z}$$

$$= -\frac{\partial p}{\partial z} + \frac{\partial}{\partial x}\left[\mu\,\frac{\partial w}{\partial x}\right] + \frac{\partial}{\partial y}\left[\mu\,\frac{\partial w}{\partial y}\right] + \frac{\partial}{\partial z}\left[\mu\,\frac{\partial w}{\partial z}\right] + S_w$$

$$(4.3-23c)$$

其中，$S_u = \rho f_x + s_x$，$S_v = \rho f_y + s_y$，$S_w = \rho f_z + s_z$，s_x、s_y 和 s_z 的表达式为：

$$s_x = \frac{\partial}{\partial x}\left[\mu\,\frac{\partial u}{\partial x}\right] + \frac{\partial}{\partial y}\left[\mu\,\frac{\partial v}{\partial x}\right] + \frac{\partial}{\partial z}\left[\mu\,\frac{\partial w}{\partial x}\right] + \frac{\partial}{\partial x}(\lambda\,\nabla\cdot\vec{u})$$

$$(4.3-24a)$$

$$s_y = \frac{\partial}{\partial x}\left[\mu\,\frac{\partial u}{\partial y}\right] + \frac{\partial}{\partial y}\left[\mu\,\frac{\partial v}{\partial y}\right] + \frac{\partial}{\partial z}\left[\mu\,\frac{\partial w}{\partial y}\right] + \frac{\partial}{\partial y}(\lambda\,\nabla\cdot\vec{u})$$

$$(4.3-24b)$$

$$s_z = \frac{\partial}{\partial x}\left[\mu\,\frac{\partial u}{\partial z}\right] + \frac{\partial}{\partial y}\left[\mu\,\frac{\partial v}{\partial z}\right] + \frac{\partial}{\partial z}\left[\mu\,\frac{\partial w}{\partial z}\right] + \frac{\partial}{\partial z}(\lambda\,\nabla\cdot\vec{u})$$

$$(4.3-24c)$$

一般情况下，s_x、s_y 和 s_z 是相对小量，对于黏性为常数的不可压流体，s_x、s_y 和 s_z 通常取为 0。

式（4.3-22）和式（4.3-23）即为动量方程，也称为 Navier-Stokes 方程。

（3）能量守恒方程。任何流动系统的热交换问题都必须满足能量守恒定律，其本质是热力学第一定律，该定律可表述为流体微元中能量的增加率等于进入微元的净热流通量加上质量力与表面力对微元所做的功。

在栖息地模拟中，所关注的能量问题主要为水温变化对水生生物的影响。因此，本书将以流体能量 E 为变量的能量守恒方程，通过内能 i 与温度 T 之间的定量关系（$i = c_p T$），转换为以温度 T 为变量的能量守恒方程：

$$\frac{\partial(\rho T)}{\partial t} + \nabla \cdot (\vec{\rho u}\, T) = \nabla \cdot \left[\frac{k}{c_p}\mathbf{grad}\,T\right] + S_T \quad (4.3-25)$$

式（4.3-25）也可展开为：

$$\frac{\partial(\rho T)}{\partial t} + \frac{\partial(\rho u T)}{\partial x} + \frac{\partial(\rho v T)}{\partial y} + \frac{\partial(\rho w T)}{\partial z}$$

$$= \frac{\partial}{\partial x}\left[\frac{k}{c_p}\frac{\partial T}{\partial x}\right] + \frac{\partial}{\partial y}\left[\frac{k}{c_p}\frac{\partial T}{\partial y}\right] + \frac{\partial}{\partial z}\left[\frac{k}{c_p}\frac{\partial T}{\partial z}\right] + S_T$$

$$(4.3-26)$$

式中：c_p 为比热容；T 为温度；k 为流体的传热系数；S_T 为流体的热源项。

由于连续性方程、动量方程和能量方程中含有 u、v、w、p、T 和 ρ 6 个未知变量，但方程数只有 5 个（连续性方程 1 个，动量方程 3 个，能量方程 1 个），还须要补充一个联系 p 和 ρ 的状态方程才能使方程组闭合：

$$p = p(\rho, T) \quad (4.3-27)$$

对于理想气体，该状态方程可以写为：

$$p = \rho R T \quad (4.3-28)$$

式中：R 为摩尔气体常数。

4.3.2.2　湍流封闭模型

前面描述的流体运动的基本方程组是针对三维瞬态的，适用于层流和湍流，该方程组是封闭的。对于湍流运动，直接求解三维瞬态的控制方程，可得到湍流的瞬时流场（包含各种尺度的随机运动），获取湍流的全部信息，但是湍流的直接求解法对计算机的内存和速度要求很高，目前只能求解一些低雷诺数的简单流体运动，对于工程和实际河道中的复杂流动问题，难以广泛应用该方法。为此，实际数值模拟过程中，通常对瞬态的控制方程进行时间平均处理，同时补充反映湍流特性的其他方程使方程组封闭。本书着重介绍目前应用最为广泛的标准 $k-\varepsilon$ 模型、适用于边界和流动复杂的 RNG $k-\varepsilon$ 模型。

（1）标准 $k-\varepsilon$ 模型。标准 $k-\varepsilon$ 模型由 Launder 和 Spalding 于 1972 年提出，是目前应用最为广泛的双方程湍流封闭模型之一。

根据 Boussinesq 涡黏假定，雷诺应力相对于平均流速梯度的关系可写成：

$$-\rho \overline{u_i' u_j'} = \mu_t \left(\frac{\partial u_i}{\partial x_j} + \frac{\partial u_j}{\partial x_i} \right) - \frac{2}{3} \left(\rho k + \mu_t \frac{\partial u_i}{\partial x_i} \right) \delta_{ij} \qquad (4.3-29)$$

式中：μ_t 为湍流黏度；δ_{ij} 为克罗奈克算子（Kronecker delta）；k 为湍流动能。

在模型中，湍动耗散率 ε 定义为：

$$\varepsilon = \frac{\mu}{\rho} \overline{\left(\frac{\partial u_i'}{\partial x_k} \right) \left(\frac{\partial u_i'}{\partial x_k} \right)} \qquad (4.3-30)$$

湍动黏度 μ_t 可以表示为 k 和 ε 的函数：

$$\mu_t = \rho C_\mu \frac{k^2}{\varepsilon} \qquad (4.3-31)$$

标准 $k-\varepsilon$ 模型的输运方程为：

$$\frac{\partial(\rho k)}{\partial t} + \frac{\partial(\rho k u_i)}{\partial x_i} = \frac{\partial}{\partial x_j} \left[\left(\mu + \frac{\mu_t}{\sigma_k} \right) \frac{\partial k}{\partial x_j} \right] + G_k + G_b - \rho \varepsilon - Y_M + S_k$$
$$(4.3-32)$$

$$\frac{\partial(\rho \varepsilon)}{\partial t} + \frac{\partial(\rho \varepsilon u_i)}{\partial x_i} = \frac{\partial}{\partial x_j} \left[\left(\mu + \frac{\mu_t}{\sigma_\varepsilon} \right) \frac{\partial \varepsilon}{\partial x_j} \right] + C_{1\varepsilon} \frac{\varepsilon}{k} (G_k + C_{3\varepsilon} G_b)$$
$$- C_{2\varepsilon} \rho \frac{\varepsilon^2}{k} + S_\varepsilon \qquad (4.3-33)$$

其中，G_k 是由于平均速度梯度引起的湍动能 k 的产生项，计算公式为：

$$G_k = \mu_t \left(\frac{\partial u_i}{\partial x_j} + \frac{\partial u_j}{\partial x_i} \right) \frac{\partial u_i}{\partial x_j} \qquad (4.3-34)$$

G_b 是由于浮力引起的湍动能 k 的产生项，对于不可压流体，$G_b = 0$；对于可压流体，其计算公式为：

$$G_b = \beta g_i \frac{\mu_t}{Pr_t} \frac{\partial T}{\partial x_i} \qquad (4.3-35)$$

其中
$$\beta = -\frac{1}{\rho} \frac{\partial \rho}{\partial T}$$

式中：Pr_t 为湍动普朗特数，在该模型中可取为 0.85；g_i 为重力

加速度在第 i 方向的分量；β 为热膨胀系数。

Y_M 是可压湍流中脉动扩张的贡献项，对于不可压流体，$Y_M = 0$；对于可压流体，其计算公式为：

$$Y_M = 2\rho\varepsilon M_t^2 \tag{4.3-36}$$

式中：M_t 为湍动 Mach 数，$M_t = \sqrt{k/a^2}$；a 为声速，$a = \sqrt{\gamma RT}$；S_k 和 S_ε 为源汇项。

$C_{1\varepsilon}$、$C_{2\varepsilon}$、C_μ 为经验常数，取值分别为 $C_{1\varepsilon} = 1.44$，$C_{2\varepsilon} = 1.92$，$C_\mu = 0.09$；σ_k 和 σ_ε 分别是与湍动能 k 和湍动耗散率 ε 对应的 Prandtl 数，取值分别为 $\sigma_k = 1.0$，$\sigma_\varepsilon = 1.3$。

$C_{3\varepsilon}$ 为与浮力相关的经验常数，对于可压流体，当主流方向与重力方向平行时，$C_{3\varepsilon} = 1$；当主流方向与重力方向垂直时，$C_{3\varepsilon} = 0$。

（2）RNG k-ε 模型。RNG k-ε 模型是由 Yakhot 和 Orzag 提出的，RNG k-ε 模型和标准 k-ε 模型的主要区别在于 RNG k-ε 模型通过修正湍动黏度，考虑了旋转流动情况，并在 ε 方程中增加了一项，从而可反映主流的时均应变率。换言之，RNG k-ε 模型可以更好地模拟旋转流、弯道流、分离流等流线弯曲程度较大的复杂流动，更适用于鱼类喜好的弯曲河道、浅滩-深潭河道等复杂栖息地的水动力模拟。

RNG k-ε 模型中 k 和 ε 的输移方程为：

$$\frac{\partial}{\partial t}(\rho k) + \frac{\partial}{\partial x_i}(\rho k u_i) = \frac{\partial}{\partial x_j}\left[\alpha_k \mu_{eff} \frac{\partial k}{\partial x_j}\right] + G_k + G_b - \rho\varepsilon \tag{4.3-37}$$

$$\frac{\partial}{\partial t}(\rho\varepsilon) + \frac{\partial}{\partial x_i}(\rho\varepsilon u_i) = \frac{\partial}{\partial x_j}\left[\alpha_\varepsilon \mu_{eff} \frac{\partial\varepsilon}{\partial x_j}\right] + \frac{C_{1\varepsilon}^* \varepsilon}{k}G_k - C_{2\varepsilon}\rho\frac{\varepsilon^2}{k} \tag{4.3-38}$$

其中，$\mu_{eff} = \mu + \mu_t$；$\mu_t = \rho C_\mu \dfrac{k^2}{\varepsilon}$；$C_\mu = 0.0845$；$\alpha_k = \alpha_\varepsilon = 1.39$；$C_{1\varepsilon}^* = C_{1\varepsilon} - \dfrac{\eta(1 - \eta/\eta_0)}{1 + \beta\eta^3}$；$C_{1\varepsilon} = 1.42$；$C_{2\varepsilon} = 1.68$；$\eta =$

$$(2E_{ij} \cdot E_{ij})^{1/2} \frac{k}{\varepsilon} ; E_{ij} = \frac{1}{2} \left(\frac{\partial u_i}{\partial x_j} + \frac{\partial u_j}{\partial x_i} \right) ; \eta_0 = 4.377 ; \beta = 0.012 。$$

4.3.2.3　三维模型的优缺点

在模拟复杂河道地形的水动力问题时，尤其是对狭长河口、峡谷型河流、干支流交汇口、窄深水库、坝前河段、浅滩-深潭河段等，具有足够的计算精度，能够较好、较准确地模拟出河道三维流场，同时具有较高的空间解析度，尤其是垂向空间的解析度，能够较好地刻画、捕捉局部涡旋和断面二次流等流场的细节特征。

但是三维模型网格数量、计算节点数众多，计算过程对计算机内存、CPU 性能要求较高，计算速度慢、计算耗时长，因此在求解大尺度和大空间尺度问题时，不具优势。另外，三维模型网格划分复杂，模型参数和边界条件设置复杂，专业性要求较高。三维模型的优缺点对比见表 4.3 - 2。

表 4.3 - 2　　　　　　　　三维模型的优缺点对比

优　　　点	缺　　　点
• 在求解复杂河道地形的水动力问题时，能够较好地模拟河道的三维流场； • 具有较高的空间解析度，能够捕捉局部位置的涡旋和断面二次流等细节流场特征	• 对计算机性能要求较高； • 计算速度慢、计算耗时长； • 网格划分复杂，专业性要求较高； • 在求解大时间尺度和大空间尺度问题时，计算耗时巨大，不具优势

第5章 河流栖息地保护适宜性评价理论与方法

5.1 概　　述

本章从流域生态系统角度阐述了河流栖息地保护的内涵和目标,从影响鱼类生存繁殖的直接因子和间接因子出发,系统梳理了栖息地保护的环境要素,在此基础上构建了河流栖息地保护的适宜性评价指标体系及其评价流程,应用相似系统论提出了基于模糊相似理论的河流栖息的相似性分析方法,形成了一套针对水电开发中河流栖息地保护筛选和择优的关键评价技术,以期为干流、支流协调发展中保护河流的综合比选、保护效果预估、保护优先级排序等生态环保工作提供理论基础和技术支持。

5.2　河流栖息地保护的内涵

河流栖息地保护是对水电开发造成的各种不利生态影响进行补偿的主要措施之一。河流栖息地保护必须着眼于寻求干流、支流之间最佳的开发与保护格局,从水生生物栖息地保护的角度出发,通过寻找或营造与拟开发河流(通常为干流)栖息地类似的河流(通常是与开发河流相连通的支流),并划定保护区,以原栖息地保护(或类原栖息地保护)的形式,保护受干流开发影响的水生生物,维持流域内河流的生态功能(廖文根 等,2013)。另外,保护的支流不仅可以为干流大规模开发后许多可能只能到支流生活的鱼类提供自然繁殖所需的环境（曹文宣，2000），也可为人工增殖放流的鱼苗提供适宜的栖息生境，从而实现对水生生物的有效保护。本书所述河流栖息地保护的相关适宜性评价理论与方法主要针对干流水电开发而采取的支流栖息地保护措施。

河流栖息地保护应具备 3 个方面的内涵：一是对拟开发河流具有一定的可替代性；二是具有可保护性；三是经济合理，具有可持续性。

（1）可替代性。河流栖息地存在受水电开发影响的保护物种，并具有一定的种群丰度，栖息地上具有保护物种生存繁殖的基本条件，且在物种结构和栖息地条件上与拟开发河流存在相似性，可在较大程度上替代拟开发河流的栖息地。

（2）可保护性。河流栖息地与拟开发河段相互连通，或在流域宏观角度上，存在干流、支流相互连通的关系，保护河流本身也具有较好的连通性（旱季不断流），且栖息地健康、稳定，具有较高的保护价值，能以原位保护的形式，最大程度缓解水电开发的生态不利影响。

（3）可持续性。河流的生态价值丰富、保护成本合理、生态补偿有效，在经济上具有可持续保护的条件。

5.3　河流栖息地保护的目标

生态系统是由非生物元素和生物元素共同组成。因此，河流栖息地保护的目标应包括非生物目标和生物目标。

5.3.1　非生物目标

河流栖息地保护的非生物目标是与拟开发河段相似的河流栖息地条件，尤其是拟开发河段重点保护鱼类能够生存繁殖的河流栖息地条件。非生物环境不仅包括"水下"的栖息地条件（如水文、水动力、水质、河流地形地貌等），还应包括"水上"的栖息地条件

（如河漫滩、河岸带、岸边植被等），这样才能维持河流栖息地的系统健康。同时，保护河流的栖息地条件与拟开发河段的栖息地条件越相似，且本身的栖息地健康条件越好，河流替代保护的效果越好。

另外，鱼类等水生生物在其生活史的不同阶段有着不同的栖息地需求，若保护某一河流栖息地仅能保护受影响鱼类生命史中的一个或几个关键生命周期，为了实现更大程度上的替代保护作用，除了原位保护外，还可以施以栖息地改造、生态调度等人工措施，创造鱼类其他生命周期所需的栖息地条件。同时，也可以选择多条河流栖息地，实现多目标鱼类、多生命周期的综合替代保护。

5.3.2　生物目标

河流栖息地保护的生物目标是受水电开发影响的水生生物，尤其是珍稀、特有鱼类。拟进行替代保护的河流，其保护的受水电开发影响的水生生物物种越多，种群丰度越高，替代保护的效果就越好。

鱼类处于河流生态系统食物链的顶端，土著鱼类代表着河流中大多数较为普遍的鱼类，土著鱼类属于长江上游特有的鱼类，具有一定的地域特殊性，是保护的重点，而特有鱼类中的重点保护鱼类，往往是一些珍稀鱼类，是保护的重中之重。因此，在保护河流与受影响河流之间，土著鱼类、特有鱼类和重点保护鱼类三者的物种相似性越好，河流替代保护的效果就越好，且从普遍到特殊的鱼类都能受到较大程度保护。

5.4　河流栖息地保护的环境要素

河流栖息地保护的环境要素是从影响鱼类生存繁殖的直接因子和间接因子这两个角度出发进行调研的，直接因子包括水文因子、水动力因子、水环境因子和地形地貌因子，间接因子包括河流连通因子、栖息地安全因子、生态健康因子和社会经济因子，具体影响因素及影响意义见表5.4-1。

表5.4-1 河流栖息地保护的环境要素（影响因素及影响意义）

影响因素分类	影响因素	影响意义	文献出处
水文因子	月均水量（径流量）变化	影响水生生物栖息可能性；滨水植物供水可得性	李翀等，2006
	产卵期总涨水日数	影响鱼苗发江量	
	涨退水过程/水位波动	刺激鱼类产卵	陈永柏等，2009
水动力因子	流速	鱼的感应流速、喜好流速、极限流速；鱼类对产卵场的流速选择；刺激鱼的产卵；影响鱼卵漂浮	杨宇等，2007；易伯鲁等，1988
	流量	与时间序列结合，反映栖息地空间随时间的变化	危起伟，2003；杨宇等，2007
水环境因子	水深	鱼的喜好水深	殷名称，1995
	水温	刺激鱼类产卵	
	水质（pH值）	影响鱼类活动、摄食、消化和生长	
	含沙量	影响产卵场中黏性卵的着床率；影响栖息地饵料组成	
	溶解氧	影响鱼类生命强度	
地形地貌因子	河流蜿蜒度	影响栖息地多样性，为鱼类栖息和繁殖提供适合场所	李建等，2010；董哲仁，2003
	底坡	影响栖息地多样性	
	河底基质	影响产沉性卵的鱼类对产卵场的选择	Sempeski等，1995；Kondolf，2000

影响因素分类	影响因素	影响意义	文献出处
河流连通因子	纵向连通性	影响洄游性鱼类产卵繁殖，改变河流生态连续性	Vannote 等，1980；Jenkins 等，2003
	横向连通性	影响鱼类觅食、幼鱼成长	董哲仁，2004
	干支流连通性	影响鱼类、水鸟栖息	刘强等，2007；朱来友等，2009
栖息地安全因子	河岸利用程度	影响河流横向连通	
	洪水频率	影响栖息地结构稳定和生态安全	夏继红等，2008；韩玉玲等，2012
	水土流失强度		
	河床稳定性		
	河岸稳定性		
生态健康因子	生物多样性	影响河流生态健康	陈求稳，2010
	加权可用栖息地面积	反映鱼类栖息地面积	
	栖息地破碎性指数	反映鱼类栖息地质量	
社会经济因子	保护成本	影响保护的可持续性	廖文根等，2013
	生态价值	影响保护效果	

5.5 指标选择与指标体系构建原则

河流栖息地保护的目标是保护河流生物多样性，实现河流生态系统的健康、可持续发展。科学合理的指标体系是准确评价河流栖息地保护适宜性的基础和前提，也是主管部门管理决策的重要手段。河流栖息地保护涉及诸多影响因素，其适宜性程度需要从中选取代表性指标，构成能够综合反映其适宜性的指标体系来定量评价。本书根据河流生态学、鱼类生态学、保护生物学、生态经济学等多个学科理论，设计由不同指标组成的综合指标体系，从不同角度反映河流栖息地保护的适宜性。本书选择指标和构建指标体系遵循以下原则：

（1）系统性原则。系统性是生态系统的重要特征之一，任何一个生态系统都是由多个成分有机结合的统一体。河流水文、水动力、水环境、地形地貌、生物多样性、生态健康、生态安全、生态价值是评价河流栖息地保护适宜性的重要因素，必须从整体上把握其结构和功能，不能片面强调某一方面。因此，在指标选取时，应从生态系统的系统性出发，既要选择各组成要素的特有指标，又要选择表征系统功能的指标。另外，还要从系统层次性的角度出发，构建能够反映河流栖息地保护工作中各个层级、各个方面的指标，通过逐层分析、综合测算，才能准确评价河流栖息地保护的适宜性。

（2）科学性原则。从事物的本质和客观规律出发，构建科学严谨的评价指标体系。做到体系指标选择合理，含义明确，指标和权重计算方法科学、规范，评价采用的数据准确可靠，数据来源符合相关技术标准，整体能够克服反映河流生态系统的基本特征，能够较好度量河流栖息地保护的适宜性水平。

（3）代表性原则。选择的各个指标具有突出的代表性，能够反映河流流生态系统的结构和功能特点，并客观反映河流栖息地对目标鱼类的替代和保护程度。

5.6　适宜性评估理论框架

5.6.1　指标体系

根据河流栖息地保护的内涵，要实现河流栖息地的保护，首先拟保护的河流栖息地需要具备一定的生存繁殖条件，能够一定程度上实现替代效果；其次需要具备一定的保护条件；第三在经济上需要合理、可持续。河流栖息地保护的适宜性评价是在一定可行性分析的基础上，对初步筛选出来的备选河流进行择优的过程。基于此目的，在进行河流栖息地保护的适宜性评价时，要从理论、技术和经济角度对可行性分析后初步筛选出来的、具有替代和保护条件的河流提出更高的要求，综合评判其适宜性情况。因此，河流栖息地保护的适宜性可用替代适宜性、保护适宜性和经济适宜性三个方面来综合表征。首先，河流要发挥适宜的替代作用，应在栖息地方面和物种方面具有一定的相似性，因此，替代适宜性可用栖息地相似性和物种相似性两个子目标来评价；其次，河流应具备适宜的保护条件，应具有良好的河流连通性和健康的生态系统，因此，保护适宜性可用河流连通性和生态健康性两个子目标来评价；最后，河流要实现可持续的保护，需要有适宜的经济基础，因此，有必要核算拟保护河流的生态价值和拟开发河段的开发价值，并将它们作为经济适宜性的评价子目标。具体指标的构建方面，栖息地相似性、河流连通性和生态健康性的具体指标和计算依据是由河流栖息地保护的主要环境要素（表5.4-1）筛选而得；物种相似性的具体指标是用土著鱼类、特有鱼类和重点保护鱼类的物种相似性来表征，反映了从普遍到特殊的鱼类物种相似性；拟开发河段的开发价值与拟保护河流的生态价值的具体指标，是根据河流服务功能和生态功能构建常规的代表性指标来表征。河流栖息地保护的适宜性评价指标体系见表5.6-1。

表5.6-1　　　　　　　　　　适宜性评价指标体系

目标层	准则层	子目标层	指　标	具体计算依据
适宜性指数（A1）	替代适宜性（B1）	栖息地相似性（C1）	水文相似性（D1）	流量、水位、产卵期涨水天数、涨水持续时间、水温
			水动力相似性（D2）	流速、流速梯度、水深、水面宽度、弗劳德数（Fr）、雷诺数（Re）、涡量
			水环境相似性（D3）	含沙量、溶解氧DO、pH值、磷P、氨氮NH_3-N、COD_{Mn}、铅Pb
			河流地形地貌相似性（D4）	蜿蜒度、河床比降、断面形态、浅滩-深潭
		物种相似性（C2）	土著鱼类物种相似性（D5）	土著鱼类物种数量
			特有鱼类物种相似性（D6）	特有鱼类物种数量
			重点保护鱼类物种相似性（D7）	重点保护鱼类物种数量

续表

目标层	准则层	子目标层	指　标	具体计算依据
适宜性指数（A1）	保护适宜性（B2）	河流连通性（C3）	纵向连通性（D8）	纵向连通的水域千米数、纵向所有水域的总千米数
			横向连通性（D9）	横向连通的水域宽度、横向水域总宽度
		生态健康性（C4）	生物多样性（D10）	生物种类、数量
			水力栖息地适应性指数（D11）	生物适应性流速、栖息地面积
			栖息地破碎性指数（D12）	栖息地斑块面积、栖息地斑块数量
	经济适宜性（B3）	拟开发河流（干流）开发价值（C5）	水力发电价值（D13）	年发电收入
		拟保护河流（支流）生态价值（C6）	工业价值（D14）	酿酒业年销售额，煤炭工业产值等
			水产品价值（D15）	渔业收入
			灌溉效益（D16）	灌溉面积
			航运效益（D17）	货运、客运增加量
			旅游收益（D18）	旅游收入
			生物多样性维持价值（D19）	生物栖息地面积、特有鱼类种数
			水土保持价值（D20）	水土流失防控面积
			涵养水源价值（D21）	林草地涵养水源
			净化水质价值（D22）	水环境容量
			支流水电未开发损失机会成本（D23）	支流年发电收入损失

5.6.2　指标内涵及计算方法

（1）栖息地相似性（C1）。栖息地相似性是指支流与干流在水文、水动力、水环境、河流地形地貌等栖息地特征方面的相似程度，计算公式为：

$$C1 = \alpha_1 D1 + \alpha_2 D2 + \alpha_3 D3 + \alpha_4 D4 \qquad (5.6-1)$$

式中：$C1$ 为干支流栖息地相似性，$0 \leqslant C1 \leqslant 1$，$C1$ 计算得分越大，表明支流与干流在栖息地方面的相似程度越高；$\alpha_1 \sim \alpha_4$ 为 $D1 \sim D4$ 的权重系数。

1）水文相似性（$D1$）。水文情势显著影响着河流生态系统的生物过程。研究表明，低流量过程可维持合适的水温、溶解氧和水化学成分，为水生生物提供合适的栖息环境，高流量过程可使水体的溶解氧升高、有机物质增加（Postel 等，2003；Richter 等，2006）。在鱼类产卵季节，适当的涨水过程配合一定的涨水持续时间，还将促使鱼类产卵（彭期冬，2011）。水温是河流生态系统中直接或间接影响水生生物生命过程的重要因子。鱼类的生长、性腺发育、成熟、产卵、卵的孵化以及幼鱼的发育都离不开适宜的温度。如四大家鱼、鲫鱼、鲤鱼等最适宜生长的温度在 20～30℃ 之间，10℃ 以下则食欲减退，生长缓慢。鲤鱼、鲫鱼在春季水温上升到 14℃ 左右时开始产卵，四大家鱼及其他产漂流性卵鱼类则是在水温上升到 18℃ 时才开始产卵（易雨君，2008）。

因此，支流与干流水文条件的相似性可由流量过程、水位过程、产卵期涨水天数、产卵期涨水持续时间、水温等指标来综合评价，指标的相似性计算详见 4.3 相似性计算方法。

2）水动力相似性（$D2$）。河流的水动力特性与鱼类栖息地之间具有强烈的相关性（Hauer 等，2008）。很多研究都表明，鱼类大多数生态行为都与流速密切相关（何大仁，1998）。Sempeski 等（1995）调查了法国 Pollon 河和 Suran 河的河鳟产卵场，发现两处产卵场流速相近，表明河鳟对产卵场的流速是有选择的。易伯鲁等（1988）研究指出，长江干流四大家鱼产卵场的平均流速为 0.95～1.3m/s。对于产漂流性卵的鱼类而言，鱼卵和鱼苗还须要维持一定的流速以防止下沉死亡。唐会元等（1996）研究认为，流速小于 0.27m/s 时鱼卵开始下沉，流速小于 0.25m/s 时鱼卵大部分下沉，流速小于 0.1m/s 时，鱼卵全部下沉。水深是一定水位与河道地形相互叠加的结果。水深主要在两方面影响鱼类：一方面是为底栖型鱼类提供适当的活动空间；另一方面是为沉性卵提供适当的孵化环境。研究表明，中华鲟在葛洲坝下游产卵场主要的水深分布范围为 8~14m，很少发现中华鲟出现在超过 19m 水深的地方（危起伟，2003）。Moir 等（1998）研究指出，以水深、流速和弗劳德数 Fr 为代表的局部水动力变量越来越重要，他们认为弗劳德数 Fr 是一个有用的单值水力栖息地描述量，作为无量纲数它可以用来在不同的河流和鱼类之间进行比较。Lamouroux 等（1999）在从栖息地条件预测种群特征时指出，弗劳德数 Fr 和雷诺数 Re 等简单独立的水动力特征量能够解释水力条件、地形条件和种群结构之间的关系。其他学者，如 Crowder 等（2000），还提出涡量、流速梯度、动能梯度等特征量可用来描述栖息地的水流复杂程度。

因此，支流与干流的水动力相似性可用流速、流速梯度、水深、水面宽度、弗劳德数 Fr、雷诺数 Re、涡量、动能梯度等指标来综合评价。在进行干支流水动力相似性的计算分析时，需要借助水动力模型，计算相应的水动力指标，才能作进一步的相似性分析。相似性计算方法详见 5.8 节。

3）水环境相似性（$D3$）。描述水环境质量的指标众多，可以分为物理性指标（如透明度、含沙量等）、化学性指标（如有机物指标 BOD、COD、TOC 等，无机物指标 DO、pH 值、营养盐指标 NH_3-N、P、TN、TP 等）、重金属指标（如铅 Pb 等）和生物性指标（如细菌总数、大肠杆菌群数等）。本书选取环境监测中最常见的指标来综合分析干流和支流水环境的相似性，这些指标包括含沙量、溶解氧（DO）、pH 值、磷（P）、氨氮（NH_3-N）、COD_{Mn}、铅（Pb）。具体相似性计算方法详见 5.8 节。

4）河流地形地貌相似性（$D4$）。河流地形地貌是影响河流生物的重要因素。自然界中的大多数河流都是蜿蜒曲折的。由于河道蜿蜒，形成了主流、江心洲、河湾、浅滩-深潭等多种河流栖息地，为水生生物提供了丰富的繁衍栖息的场所。河床比降是河流流动的重要因素，是水力学中的重要指标。河床比降的大小决定了断面比能，影响着河流流速、流态。浅滩-深潭是河床最基本的微地貌，交替出现的浅滩-深潭是河流断面形态多样性的主要表现。因此，本书选取蜿蜒度、河床比降、断面形态、浅滩-深潭等指标来综合评价干流、支流地形地貌的相似性。具体相似性计算方法详见4.2节。

（2）物种相似性（C2）。物种相似性是指保护支流与受水电开发影响的干流在生物物种数量上的相似程度，计算公式为：

$$C2 = \alpha_5 D5 + \alpha_6 D6 + \alpha_7 D7 + \alpha_8 D8 \qquad (5.6-2)$$

式中：$C2$ 为干支流物种相似性，$0 \leqslant C2 \leqslant 1$，$C2$ 计算得分越大，表明支流与干流在生物物种方面的相似程度越高；$\alpha_5 \sim \alpha_7$ 为 $D5 \sim D7$ 的权重系数。

1）土著鱼类物种相似性（D5）。土著鱼类是指自然分布于当地河流的本地种鱼类（非外来种）。干流、支流土著鱼类物种相似性是指干流中分布的土著鱼类在支流中也分布的种类数量所占的比例，计算公式为：

$$D5 = \frac{E5_{支流}}{E5_{干流}} \qquad (5.6-3)$$

式中：$E5_{干流}$ 为干流中分布的土著鱼类种类数量；$E5_{支流}$ 为干流中分布的土著鱼类在支流中也分布的种类数量。

2）特有鱼类物种相似性（D6）。特有鱼类是指自然分布于当地河流的土著鱼类中，属于长江上游特有的鱼类。干流、支流特有鱼类物种相似性是指干流中分布的特有鱼类在支流中也分布的种类数量所占比例，计算公式为：

$$D6 = \frac{E6_{支流}}{E6_{干流}} \qquad (5.6-4)$$

式中：$E6_{干流}$ 为干流中分布的特有鱼类种类数量；$E6_{支流}$ 为干流中分布的特有鱼类在支流中也分布的种类数量。

3）重点保护鱼类物种相似性（D7）。重点保护鱼类是指当地河流分布的长江上游特有鱼类中，属于重点保护对象的鱼类。干、支流重点保护鱼类物种相似性是指干流中分布的重点保护鱼类在支流中也分布的种类数量所占比例，计算公式为：

$$D7 = \frac{E7_{支流}}{E7_{干流}} \qquad (5.6-5)$$

式中：$E7_{干流}$ 为干流中分布的重点保护鱼类物种数量；$E7_{支流}$ 为干流中分布的重点保护鱼类在支流中也分布的物种数量。

土著鱼类物种相似性（$D5$）、特有鱼类物种相似性（$D6$）和重点保护鱼类物种相似性（$D7$）3 个指标之间，属于从普遍到特殊的从属关系，3 个指标层层递进。

（3）河流连通性（$C3$）。河流连通性是河流生态系统的最基本特点，是河流生态系统保持结构稳定和发挥生态功能的重要前提和基础。河流连通性包括纵向连通性和横向连通性。

1）纵向连通性（$D8$）。纵向连通性是指河流中生态元素在空间结构上的纵向联系，由于干旱缺水等自然条件引起河流断流或修筑大坝等人为因素都将影响河流的纵向连通性。纵向连通性可用河流纵向连通的水域千米数与纵向所有水域的总千米数的比值表示，具体计算公式为：

$$D8 = \frac{CL}{TL} \qquad (5.6-6)$$

式中：$D8$ 为纵向连通性，$0 \leqslant D8 \leqslant 1$，$D8$ 越接近 1 表示河流的纵向连通性越好；CL 为河流纵向连通的水域千米数；TL 为河流纵向所有水域的总千米数。

2）横向连通性（$D9$）。横向连通性是指河流在横向上与周围河岸生态系统的连通程度，直立式挡墙或混凝土护岸都将影响河流的横向连通性。横向连通性可用河流天然河岸或生态材料护岸（非硬质护砌河岸）的千米数与河岸总千米数的比值表示，具体计算公式为：

$$D9 = \frac{NL}{RL} \qquad (5.6-7)$$

式中：$D8$ 为横向连通性，$0 \leqslant D9 \leqslant 1$，$D9$ 越接近 1 表示河流的横向连通性越好；NL 为河流天然河岸或生态材料护岸的千米数；RL 为河流河岸总千米数。

（4）生态健康性（$C4$）。生态健康性是指支流本身的生态系统要具有一定的健康性，才能为受干流开发影响的鱼类前往支流栖息繁殖提供必要的保障。本书中生态健康性以生物多样性、加权可用栖息地面积、栖息地破碎性指数、水质达标率等指标来综合表征。

1）生物多样性（$D10$）。生态系统的生物结构组成、丰富程度是生态系统保持动态平衡和健康发展的重要因素，通常用生物多样性来反映。鱼类在河流生态系统中担负着保持生态系统生产力、维持系统平衡和稳定、加速能量和物质流动的重要使命。河流生态系统中，鱼类物种多样性越复杂，种类越多，生态系统稳定性越高，因此本书以鱼类物种的多样性来表征河流生态系统的生物多样性，采用 Shannon - Wiener 指数（尚玉昌，2002）计算：

$$H = -\sum_{i=1}^{n} (p_i \times \ln p_i) \quad p_i = N_i / N \qquad (5.6-8)$$

式中：p_i 为第 i 种的相对多度；n 为样品数量；N_i 为种 i 的个体数；N 为所在群落所有物种的个体数之和。

河流生物多样性指数 $D10$ 根据 Shannon - Wiener 指数 H 的计算结果进行赋分。关于河流生态系统中鱼类物种多样性的高地，目前还没有具体的分级标准，本书根据我国河流鱼类多样性的相关研究成果，将物种多样性按照从高到低的顺序划分为 5 个等级，生物多样性指数赋分等级见表 5.6-2。

表 5.6-2　　　　生物多样性指数赋分等级

指标等级	Shannon - Wiener 指数得分	总体评价	$D10$ 得分赋值
1	>4	最佳	(0.8, 1]
2	(3, 4]	良好	(0.6, 0.8]
3	(2, 3]	一般	(0.4, 0.6]
4	(1, 2]	较差	(0.2, 0.4]
5	<1	极差	[0, 0.2]

2）水力栖息地适应性指数（$D11$）。适宜目标鱼类生存的栖息地面积、形状和数量在一定程度上反映了河流生态系统的健康性。鱼类栖息地适应性指数的概念及评价方法由美国鱼类及野生动物署在栖息地评估程序（HEP）中率先提出，目前应用十分广泛。本书

在鱼类栖息地适应性指数的基础上，考虑整个河流区域所有栖息地的加权适应性，采用水力栖息地适应性指数来表征河流中适合目标鱼类的栖息地面积。

$$D11 = \frac{1}{\sum\limits_{i=1}^{N} a_i} \sum\limits_{i=1}^{N} a_i HSI_i \qquad (5.6-9)$$

其中

$$\sum\limits_{i=1}^{N} a_i HSI_i = WUA$$

式中：$D11$ 为水力栖息地适应性指数，$0 \leqslant D11 \leqslant 1$，$D11$ 越大，表明栖息地适应目标鱼类生存的面积越大；a_i 为计算单元 i 的面积，m^2；HSI_i 为计算单元 i 的栖息地适应性指数；WUA 为鱼类栖息地的加权可利用面积；N 为计算单元数量。

在计算 $D11$ 时，需要应用模糊数学方法，根据保护目标鱼类的生物需求，建立鱼类栖息地模型，以此计算水力栖息地适宜性指数。

3）栖息地破碎性指数（$D12$）。在河流中可能分布着众多大小不一的适应保护目标鱼类的栖息地，然而鱼类个体都有一定的活动范围，如果栖息地的面积小于鱼类最低活动范围的需求，这样的栖息地实际上是没有生态学意义的。因此，需要用有效的栖息地斑块面积来进一步表征栖息地的质量。栖息地破碎性指数是以有效栖息地面积作为衡量标准分析鱼类栖息地质量。在不同情景模式下，单位斑块的有效栖息地面积越小，栖息地越破碎，栖息地质量越不好。栖息地破碎性指数的计算公式为：

$$D12 = \frac{\sum\limits_{i=1}^{N} p_i}{n} \qquad (5.6-10)$$

式中：$D12$ 为栖息地破碎性指数，$0 \leqslant D12 \leqslant 1$，$D12$ 越小，表明适合鱼类生存的栖息地越破碎，栖息地质量越差，$D12$ 越大，表明适合鱼类生存的栖息地连通性越好，栖息地质量越好。

（5）拟开发河流开发价值（$C5$）。河流栖息地保护的经济核算就是以生态经济学、环境经济学理论为基础，用货币形式表示干流水电开发、河流栖息地保护的综合效益与成本，并在统一量纲下，实现河流保护效益及成本的综合评价。干流开发价值即发电效益，可用水力发电价值来表征。

（6）拟保护河流生态价值（C6）。河流栖息地保护的生态价值按照河流不同的生态系统服务功能，可分为工业价值、水产品价值、灌溉效益、航运效益、旅游收益、生物多样性维持价值、水土保持价值、涵养水源价值、净化水质价值、支流水电未开发损失机会成本等。河流栖息地单要素评价指标内涵及方法见表5.6-3。

表 5.6-3　　河流栖息地单要素评价指标内涵及方法

区域	评价指标	评价内容	服务功能分类	评价方法
干流	水力发电价值（D13）	年发电收入	产品提供功能	水利水电工程学方法、统计学方法
支流	工业价值（D14）	例如：酿酒业年销售额，煤炭工业产值等	产品提供功能	统计学方法
	水产品价值（D15）	渔业收入	产品提供功能	水利水电工程学方法、统计学方法
	灌溉效益（D16）	灌溉面积	产品提供功能	农业科学及统计学方法
	航运效益（D17）	货运、客运增加量	产品提供功能	统计学方法
	旅游收益（D18）	旅游收入	文化娱乐功能	统计学方法
	生物多样性维持价值（D19）	生物栖息地面积和特有鱼类种数	支持功能	水生生物学方法
	水土保持价值（D20）	水土流失防控面积	支持功能	林业科学、生态学方法
	涵养水源价值（D21）	林草地涵养水源	调节功能	林业科学、生态学方法
	净化水质价值（D22）	水环境容量	调节功能	环境科学及水利水电工程学方法
	支流水电未开发损失机会成本（D23）	年发电收入损失	产品提供功能	水利水电工程学方法 统计学方法

5.7　评　价　流　程

河流栖息地保护的适宜性评价是利用适宜性指数来判断的。分析评价的过程中，首先要根据河流栖息地保护的概念和内涵划定适宜性的等级，其次根据河流（支流）栖息地保护的影响因素，分析决定适宜性的关键因子，建立评价指标体系，再根据层次分析法计算适宜性指数，最终判定某一河流栖息地保护的适宜性等级状态。河流栖息地保护的适宜性评价流程如图 5.7－1 所示。

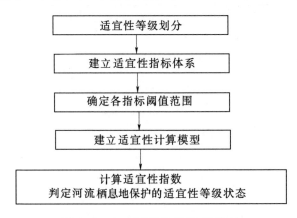

图 5.7－1　河流栖息地保护的
适宜性评价流程

（1）适宜性等级划分。根据河流栖息地保护的概念、内涵，划定适宜性的等级。

（2）建立适宜性指标体系。在全面调研的基础上，分析河流栖息地保护的影响因素，从中筛选出关键因子，建立河流栖息地保护的适宜性指标体系。

（3）划定指标的阈值范围。参照相关标准、规范，借鉴相关研究成果，划定各指标的阈值范围。

（4）建立适宜性计算模型。根据适宜性指标体系的结构特征，建立目标层、准则层、子目标层和各指标之间的层次计算方法。

（5）计算适宜性指数，判定河流栖息地保护的适宜性等级状态。应用适宜性计算模型，计算各层次指标值，确定适宜性指数，最终判定河流栖息地保护的适宜性等级。

5.8 基于模糊相似理论的河流栖息地相似性分析方法

为了缓解干流水电开发的负面生态影响，寻找与干流种群结构和栖息地条件相似的支流作为保护栖息地，探讨干流鱼类前往支流栖息和繁殖的可能性，有必要对干流和支流的物种和栖息地进行相似性分析。相似性研究是数据分析和数据挖掘的重要研究内容，在水文分析（李士进 等，2009；戚晓明 等，2007）、暴雨洪水预报（王海潮 等，2006）、股票行情（董晓莉 等，2007；王达 等，2004；张建业 等，2007；张鹏 等，2008）、模型试验（黄伦超 等，2008）、智能电网（黄宇腾 等，2013；段青 等，2008）、图像分析（郭迎春 等，2011）和生物多样性保护（梅象信 等，2006）等多个领域具有重要意义。目前，相似性的度量主要是应用距离系数和相似性系数。常见的距离系数有欧几里得距离（章四兵 等，2004）、模式距离（王达 等，2004）、斜率距离（张建业 等，2007）、夹角距离（张鹏 等，2008）等，距离系数越大，相似性越小。常见的相似性系数有向量余弦（黄宇腾 等，2013；郭迎春 等，2011）、皮尔森相关系数（段青 等，2008）、Jaccard 系数（梅象信 等，2006）等，相似系数越大，相似性越大。在这些相似性研究中，大多是从个体出发，进行相似性测度，较少从系统学的角度分析系统结构、元素组成特性以及系统元素间的相互关系，进而综合度量系统的相似性。

河流栖息地作为典型的系统，包括水文、水环境、河流地形地貌等子系统，这些子系统又包括流量、水位、水温等基本元素。个体元素的相似性，或是这些相似性的简单叠加，都难以全面反映河流栖息地系统的相似程度。周美立（1994）将系统学与相似学结合，归纳了相似系统的一般理论，提出了相似元与系统相似度的概念，并应用模糊数学，建立了具有一般性的系统相似度计算方法，但其研究仅停留在理论层面。戚晓明等（2007）首次将相似系统理论应用于水文相似性分析，提出了水文相似元概念，但其相似性计算中，水文元素仅具有年平均属性，忽略了水文过程这一重要特征。然而，很多研究显示，河流的涨水过程与水温过程等对鱼类的产卵繁殖有至关重要的影响（彭期冬，2012；骆辉煌，2012）。

　　本书针对上述问题，从相似系统论的角度出发，将河流栖息地系统按照系统—子系统—元素—特征属性的层次结构进行适当概化，考虑部分元素的过程特征属性，首次建立基于模糊相似理论的、适用于河流栖息地相似性分析的方法。

5.8.1　相似元的定义

　　系统间具有共同的相似元素和相似特征，而这些特征的属性值存在一定的差异，这就在系统间构成了一个相似单元，简称为相似元。当系统 A（河流 A）中的元素 a_i 与系统 B（河流 B）中的元素 b_j 为对应的相似元素时，用相似元 $u_k(a_i, b_j)$ 描述，简记为 u_k。系统间存在 n 个相似元素，就构成 n 个相似元，用 $u_1, u_2, \cdots, u_k, \cdots, u_n$ 表示。相似元的值记为 $q(u_k)$，相似元的集合记为 $U = \{u_1, u_2, \cdots, u_k, \cdots, u_n\}$。

　　相似元描述的是系统间对应的相似元素，某种程度上是反映了系统间对应子系统的相似性，而相似元值的大小则表明相似的程度。不同的相似元素和相似特征可以构造不同类型的相似元。

5.8.2　模糊相似元的构造

　　系统间很多相似元素和相似特征具有模糊属性，这种带有模糊属性的相似单元称为模糊相似元。模糊相似元的构造，是通过识别系统间的相似元素，进而构造模糊相似元。识别相似元素的过程，是一种分类识别或是模式识别的过程。例如，将系统 A 中的元素集合 $A(a_1, a_2, \cdots, a_i, \cdots, a_s)$ 和系统 B 中的元素集合 $B(b_1, b_2, \cdots, b_j, \cdots, b_h)$ 作为样本集合，通过分析两个样本集合中元素的特征和属性、主要特征和次要特征，来识别两个系统的相似元素，构造模糊相似元。若系统间元素的特征和属性区分明显，可通过人工方式进行相似元素的识别；若系统间元素的特征和属性复杂，则可借助聚类分析、贝叶斯判别、人工神经网络等方法进行相似元素的识别。

模糊相似元的数值计算可应用模糊数学的方法，将相似程度转化为模糊数学中的隶属程度，则模糊相似元的值域可用区间表示为 $[0,1]$，0 表示相异，1 表示相同，0 和 1 之间的范围表示相似的程度。

5.8.3 模糊相似元的分类及计算方法

（1）恒定型相似元。系统间相似元素的特征属性随时间变化较不明显或变化缓慢，在较长一段时间内可视为恒定量，如河道蜿蜒度、底坡、河宽、底质等元素，其构成的相似单元为恒定型相似元。

设系统 A 中的元素 a_i 和系统 B 中的元素 b_j 为对应的相似元素，组成第 k 个相似元，模糊相似元的大小 $q(u_k)$ 可用相似元素特征值比例的加权和表征。特征值比例、相似元的具体计算公式为：

$$r_l(a_i/b_j) = \frac{\min[y_l(a_i), y_l(b_j)]}{\max[y_l(a_i), y_l(b_j)]} \tag{5.8-1}$$

式中：$y_l(a_i)$、$y_l(b_j)$ 分别为标准化后元素 a_i 和元素 b_j 的第 l 个特征的特征值；$r_l(a_i/b_j)$ 为元素 a_i 和元素 b_j 的第 l 个特征的比值大小，简记为 r_l，为了使特征值比例及相似元的值域在 $[0,1]$ 之间，规定特征值的较小值为分子，较大值为分母。

$$q(u_k) = d_1 r_1 + d_2 r_2 + \cdots + d_m r_m = \sum_{l=1}^{m} d_l r_l \tag{5.8-2}$$

式中：$q(u_k)$ 为第 k 个相似元的值，$0 \leqslant q(u_k) \leqslant 1$；$d_l$ 为各特征的权重，$0 \leqslant d_l \leqslant 1$，$\sum_{l=1}^{m} d_l = 1$。

（2）时间型相似元。系统间相似元素具有时间序列的特征属性，如径流量、水位、雨量、水温等元素，其构成的相似单元为时间型相似元。

一个具有时间序列的元素特征属性可用分段线性的方式表示，如图 5.8-1 所示，其一般形式为：

$$Y = \{(y_1, y_2, t_2), \cdots, (y_{i-1}, y_i, t_i), \cdots, (y_{n-1}, y_n, t_n)\}$$

$$(5.8-3)$$

式中：y_{i-1}，y_i（$i = 2, \cdots, n$）分别为第 $i-1$ 段直线的起始值和终点值；t_i 为第 $i-1$ 段直线结束的时刻；n 为时间序列 Y 的分段数目。

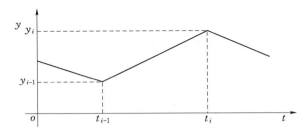

图 5.8-1　时间序列的分段线性表示

时间序列的变化趋势，如分段直线的上升、保持和下降，可用斜率表示，即时间序列 Y 可以表示为具有一定斜率的线段集合。因此，定义时间序列的斜率集为：

$$Y = \{(k_1, t_2), \cdots, (k_{i-1}, t_i), \cdots, (k_{n-1}, t_n)\} \quad (5.8-4)$$

其中 $$k_{i-1} = (y_i - y_{i-1}) / (t_i - t_{i-1})$$

式中：k_{i-1} 为第 $i-1$ 段直线的斜率；t_i 为第 $i-1$ 段直线的结束时间。

由于斜率的值域范围为（$-\infty$，$+\infty$），属于无界函数，基于斜率距离表示的时间序列相似性难以衡量相似的具体程度，因此，本书提出了基于斜率角的时间序列相似性度量方法。

时间序列用斜率角的方式可表示为：

$$Y = \{(\alpha_1, t_2), \cdots, (\alpha_{i-1}, t_i), \cdots, (\alpha_{n-1}, t_n)\} \quad (5.8-5)$$

其中 $$\alpha_{i-1} = \arctan(k_{i-1})$$

式中：α_{i-1} 为第 $i-1$ 段直线的斜率角，$\alpha_{i-1} \in [-\pi/2, \pi/2]$。

一般情况下，两个时间序列在线性分段后各端点对应的时刻不完全一致，对应的每段直线长度也不尽相同，因此在进行时间序列的相似性分析前，须对斜率角度集进行时刻对等剖分。设两个时间序列 $Y' = \{(\alpha'_1, t_3), (\alpha'_2, t_4), (\alpha'_3, t_6)\}$，$Y'' = \{(\alpha''_1, t_2), (\alpha''_2, t_5), (\alpha''_3, t_6)\}$，进行时刻对等剖分后，两个时间序列可改写为：

$$Y' = \{(\alpha'_1, t_2), (\alpha'_1, t_3), (\alpha'_2, t_4), (\alpha'_3, t_5), (\alpha'_3, t_6)\}$$
$$Y'' = \{(\alpha''_1, t_2), (\alpha''_1, t_3), (\alpha''_2, t_4), (\alpha''_2, t_5), (\alpha''_3, t_6)\}$$

图 5.8-2 为时间序列时刻对等示意图。

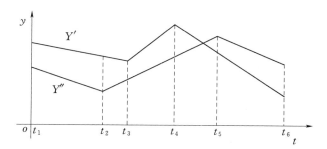

图 5.8-2 时间序列时刻对等示意图

为了定量衡量具有时间序列特征属性的元素相似程度，借鉴空间距离的概念，定义斜率角距离。设 Y' 和 Y'' 表示时刻对等、以斜率角度集表示的时间序列：

$$Y' = \{(\alpha'_1, t_2), \cdots, (\alpha'_{i-1}, t_i), \cdots, (\alpha'_{n-1}, t_n)\}$$

$$Y'' = \{(\alpha''_1, t_2), \cdots, (\alpha''_{i-1}, t_i), \cdots, (\alpha''_{n-1}, t_n)\}$$

Y' 和 Y'' 的斜率角距离可定义为：

$$D(Y', Y'') = \frac{\sum\limits_{i=1}^{n-1} |\alpha'_i - \alpha''_i|}{(n-1)\pi} \qquad (5.8-6)$$

其中，斜率角距离 $D(Y', Y'') \in [0, 1]$。

由时间序列 Y' 和 Y'' 所组成的相似元，其数值的计算公式为：

$$q(u_k) = 1 - D(Y', Y'') = 1 - \frac{\sum\limits_{i=1}^{n-1} |\alpha'_i - \alpha''_i|}{(n-1)\pi} \qquad (5.8-7)$$

5.8.4　相似性搜索

5.8.4.1　搜索方法

对于时间型相似元，若两个时间序列的元素特征曲线变化趋势相同，但曲线之间存在相位差，则仍然认为这两个时间序列是相似的。例如，一条河流在一次洪水过程中，若上、下游之间无旁侧入流，且不考虑洪峰削减，则可以认为上、下游的流量曲线是近似相同的，但下游的洪峰到达时间比上游的洪峰到达时间有所滞后，这就是典型的水文迟滞现象。常规的相似元计算方法仅是通过对比每个相同时刻下两个时间序列的特征值相似性，继而计算出相似元值并判断相似程度。但是常规方法计算得到的相似性结果，无法识别隐藏在两个时间序列中的错位相似规律。因此，有必要在两个时间序列中进行相似性搜索，并计算其相似元值，从而挖掘其中的最相似区段和平移时间。

设 Y' 和 Y'' 表示两个经时刻对等处理后以斜率角集表示的时间序列：

$$Y' = \{(\alpha'_1, t_2), \cdots, (\alpha'_{i-1}, t_i), \cdots, (\alpha'_{n-1}, t_n)\}$$
$$Y'' = \{(\alpha''_1, t_2), \cdots, (\alpha''_{i-1}, t_i), \cdots, (\alpha''_{n-1}, t_n)\}$$

通过两个序列在时间上的逐步平移，分别计算其相似元值，继而搜索相似性最高的区段及相应的平移时间，相似性搜索示意图如图 5.8-3 所示。

假设序列 Y' 和 Y'' 具有相等的时间间隔 $\Delta t = t_i - t_{i-1}$，若 Y'' 平移 $|j|$ 个时间间隔（j 向右为正，向左为负），则此时两序列在时间上重叠的曲线线段减少至 $n-1-|j|$ 段。

$j>0$ 时，重叠部分用斜率角集可表示为：

$$Y' = \{(\alpha'_{1+j}, t_{2+j}), \cdots, (\alpha'_{i-1}, t_i), \cdots, (\alpha'_{n-1}, t_n)\}$$
$$Y'' = \{(\alpha''_1, t_2), \cdots, (\alpha''_{i-1-j}, t_{i-j}), \cdots, (\alpha''_{n-1-j}, t_{n-j})\}$$

$j<0$ 时，重叠部分用斜率角集可表示为：

$$Y' = \{(\alpha'_1, t_2), \cdots, (\alpha'_{i-1-|j|}, t_{i-|j|}), \cdots, (\alpha'_{n-1-|j|}, t_{n-|j|})\}$$
$$Y'' = \{(\alpha''_{1+|j|}, t_2), \cdots, (\alpha''_{i-1}, t_i), \cdots, (\alpha''_{n-1}, t_n)\}$$

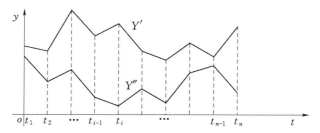

（a）相似性搜索前

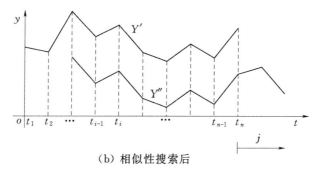

（b）相似性搜索后

图 5.8 - 3 相似性搜索示意图

平移后，两时间序列的相似元值计算公式为：

$$q(u_k) = 1 - D(Y', Y'') = \begin{cases} 1 - \dfrac{\sum\limits_{i=1}^{n-1-j} |\alpha'_{i+j} - \alpha''_i|}{(n-1-j)\pi} & j > 0 \\[4mm] 1 - \dfrac{\sum\limits_{i=1}^{n-1-|j|} |\alpha'_i - \alpha''_{i+|j|}|}{(n-1-|j|)\pi} & j < 0 \end{cases}$$

$$(5.8 - 8)$$

给定一个平移的阈值 $\varepsilon \geqslant 0$，在 $|j| \leqslant \varepsilon$ 范围内，固定序列 Y'，平移序列 Y''，经过逐步平移并按式（5.8 - 8）计算相似元值，搜索相似元值达到最大时的时间区段即为最相似区段，记录相应的平移时间和最大相似元值。

5.8.4.2 搜索原则

相似性搜索时，应遵循平移阈值合理、关键元素优先等原则，否则搜索结果不能较好地代表对比序列的相似性。

（1）平移阈值合理。平移阈值 ε 决定了相似性搜索的范围，ε 太大，则重叠的曲线线段太少，少数曲线线段的相似性不足以代表两个时间序列曲线的相似性；ε 太小，则搜索范围太小，最大的相似元值和对应的最相似区段不一定被涵盖在搜索范围内。因此，合理的平移阈值，将直接影响搜索结果。一般情况下，平移阈值 ε 的上限应不超过整个时间序列的 1/4，即重叠的曲线序列应不低于整个序列的 3/4，具体的平移阈值还需根据实际情况拟定。

（2）关键元素优先。在相似性分析和相似性搜索的过程中，当两个系统间存在 2 个以上的时间型相似元素时，应遵循关键元素优先搜索的原则，并以关键元素的最相似区间和平移时间，计算和确定其他元素在相应的相似区间和平移时间下的相似元值。例如，分析两个河流系统的鱼类栖息地相似性时，在温度、流量、水位等元素中，温度是关键元素，因此应对温度时间序列优先进行相似性搜索，找到最大相似元值对应的相似区间和平移时间，并以此时间区段计算其他元素的相似元值。

5.8.5　相似元计算的数据标准化

对于恒定型相似元（如蜿蜒度、河底坡降、河宽等），相似元素的特征属性（如平均蜿蜒度、平均河底坡降、平均河宽等）通常是由一些相对独立、受时间影响较小或缓慢的散点数据组成。分析这类相似元素的相似性主要是对比相似元素的特征值大小。在进行相似元计算时，是通过两个对应相似元素的特征值比值来反映相似性的。求解特征值比值的过程，从某种意义而言，已对数据进行了标准化。因此，计算恒定型相似元值时，无需再对特征数据作进一步标准化处理。

对于时间型相似元（如流量、水温、水位等），相似元素的特征属性（如日流量过程、日水温过程等）通常是由一系列受时间影响显著的连续数据组成。分析此类相似元素的相似性则需重点关注特征属性的变化趋势。但是，不同的相似元素，其数值的单位和变化范围不同。例如，一系列对比的河流，流量单位是 m^3/s，流量变化的量级是 100，而水温的单位是℃，水温变化的量级是 1。流量变化与水温变化在量级上的巨大差异，将导致水温变化趋势的差异性被掩盖。为了按照统一标准衡量不同时间型相似元素的相似程度，有必要在相似元值的计算之前对数据进行标准化处理。设同一相似元素中的两个时间序列为 Y' 和 Y''：

$$Y' = \{(y'_1, y'_2, t'_2), \cdots, (y'_{i-1}, y'_i, t'_i), \cdots, (y'_{n-1}, y'_n, t'_n)\}$$

$$(5.8-9)$$

$$Y'' = \{(y''_1, y''_2, t''_2), \cdots, (y''_{i-1}, y''_i, t''_i), \cdots, (y''_{n-1}, y''_n, t''_n)\}$$

$$(5.8-10)$$

式中：y'_i 和 y''_i 分别为序列 Y' 和 Y'' 的元素特征值；t'_i 和 t''_i 分别为两个序列的时间变量。

（1）相似元素特征值的标准化。

$$y'^*_i = \frac{y'_i - y'_{\min}}{\max[(y'_{\max} - y'_{\min}), (y''_{\max} - y''_{\min})]} \qquad (5.8-11)$$

$$y''^*_i = \frac{y''_i - y''_{\min}}{\max[(y'_{\max} - y'_{\min}), (y''_{\max} - y''_{\min})]} \qquad (5.8-12)$$

式中：$y'_{\max}$ 为 Y' 序列特征值中的最大值；$y'_{\min}$ 为 Y' 序列特征值中的最小值；$y''_{\max}$ 为 Y'' 序列特征值中的最大值；$y''_{\min}$ 为 Y'' 序列特征值中的最小值。

（2）相似元素时间的标准化。

$$t'^*_i = \frac{t'_i - t'_{\min}}{t'_{\max} - t'_{\min}} \qquad (5.8-13)$$

$$t''^*_i = \frac{t''_i - t''_{\min}}{t''_{\max} - t''_{\min}} \qquad (5.8-14)$$

式中：$t'_{\min}$ 为 Y' 序列的最小时刻；$t'_{\max}$ 为 Y' 序列的最大时刻；$t''_{\min}$ 为 Y'' 序列的最小时刻；$t''_{\max}$ 为 Y'' 序列的最大时刻。

以 1977 年屏山站和赤水站的水位数据为例，通过式（5.8-11）~式（5.8-14）的标准化处理，同一相似元素的所有特征值和时间变量均标准化到 [0，1] 的范围，但相似元素中两个序列特征值变化的相对趋势保持不变，标准化前和标准化后的水位曲线如图 5.8-4 和图 5.8-5 所示。

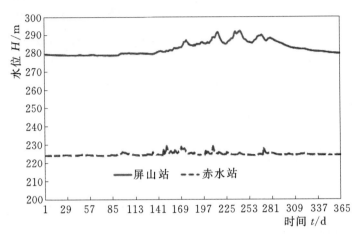

图 5.8-4　标准化前 1977 年屏山站和赤水站的水位变化曲线

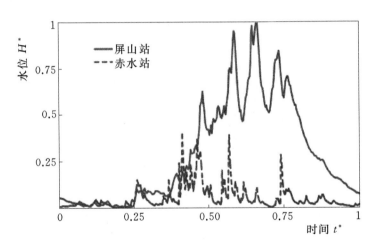

图 5.8-5　标准化后 1977 年屏山站和赤水站的水位变化曲线

5.8.6　相似等级划分

根据计算的系统相似性指数将河流系统的相似程度划分为 4 个等级，分别为高度相似、基本相似、一般相似和不相似，具体系统相似度指数的分级区间和相似等级划分含义见表 5.8-1。相似元值也可以参考系统相似度的分级标准，相似元值越大，表明两个系统相似元素的相似程度越高。

表 5.8 - 1　系统相似度指数的分级区间和相似等级划分

系统相似度指数	相似等级	含　义
[0.8, 1]	高度相似	干流、支流栖息地条件的相似性高
[0.5, 0.8)	基本相似	干流、支流栖息地条件基本相似
[0.2, 0.5)	一般相似	干流、支流栖息地条件大体相似
[0, 0.2)	不相似	干流、支流栖息地条件基本不相似

5.8.7　相似元计算方法验证

对于恒定型相似元，其计算方法是基于相似元素的特征值比值，该方法物理意义明显，且应用相对成熟，周美立（1993，1994）、戚晓明等（2007）已对该方法的合理性进行验证，故此，本书不再赘述。

对于时间型相似元，本书是基于序列曲线的斜率，定义两条时间序列的斜率角距离来衡量时间型相似元的相似性，且将其应用于水文方面的相似性分析。本书以标准化后屏山、华弹两个水文站的水位变化曲线（图5.8-6），以及标准化后人工构造的序列1和序列2水位变化曲线（图5.8-7）为例，对时间型相似元的计算方法

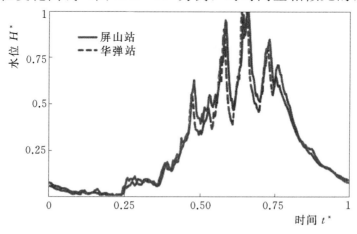

图 5.8 - 6　标准化后 1977 年屏山站和华弹站的水位变化曲线

进行验证。从图5.8-6中可以看出，同处金沙江下游的两个水文站，且两个站位之间没有较大的支流汇入，两个站位的水位变化趋势十分相似，应用相似元计算方法计算得到的水位相似元值为0.807，属于高度相似等级。从图5.8-7中可以看出，人工构造的序列1每一时刻的变化趋势和序列2每一时刻的变化趋势相反，具有显著的差异性，应用相似元计算方法计算得到的相似元值为0.165，属于不相似等级。上述的两个实例可以表明时间型相似元计算方法能够正确反映两个对比序列的相似程度，而且可将相似程度量化，并区分相似等级。所计算的相似元值及相似等级划分情况符合直观判断，且合理有效。

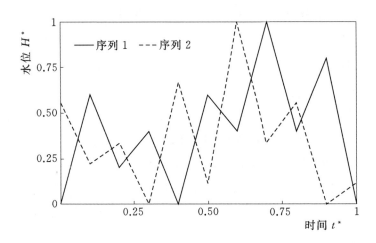

图5.8-7　标准化后人工构造的序列1和
序列2的水位变化曲线

以金沙江下游屏山、华弹两个水文站的水位变化曲线（图5.8-8）以及人工构造的序列1和序列2水位变化曲线（图5.8-9）为例，对相似性搜索方法进行验证。从图5.8-8中可以看出，虽然屏山站与华弹站的水位变化高度相似，但是两条水位变化曲线之间存在明显的相位差，下游屏山站的水位变化有所滞后。应用相似性搜索方法对最相似区间和平移时间进行搜索，计算而得的最大相似元值达0.895，平移时间为向右一个时间间隔，相似性搜索后最相似区间的屏山站和华弹站水位变化曲线如图 5.8-9 所示，两条水位曲线的吻合度比搜索前高。序列 1 和序列 2 在常规的相似元计算方法中，两条曲线的相似度很低（图 5.8-7），属于不相似范畴，但是经过相似性搜索，将序列 2 曲线向右平移一个时间间隔后，序列 1 曲线和序列 2 曲线的相似性良好（图 5.8-9），相似元值达0.966。这两个实例可以表明相似性搜索方法能够有效挖掘时间序列中的最相似区段，克服通过同时刻对比的常规相似元计算方法无法识别错位相似的缺点。

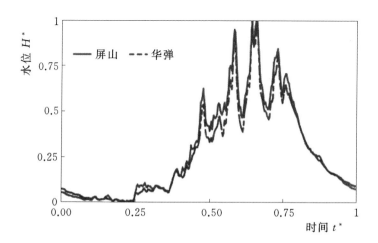

图 5.8-8　相似性搜索后 1977 年屏山站和华弹站水位曲线图

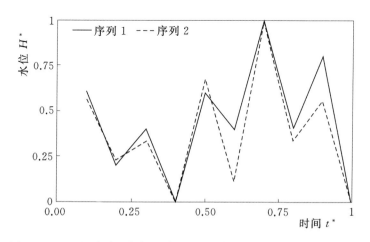

图 5.8-9　相似性搜索后序列 1 和序列 2 的水位变化曲线图

5.9　河流栖息地保护经济核算方法

5.9.1　河流生态系统服务功能

5.9.1.1　分类

合理的分类是进行生态系统服务功能评价的基础。目前，得到国际社会广泛认可的生态系统服务分类是联合国千年生态系统评估工作组（Millennium Ecosystem Assessment，MA）于 2002 年提出的分类方法。在千年生态系统评估中，MA 将生态系统服务功能归纳为产品提供功能、文化娱乐功能、支持功能和调节功能。

根据河流提供生态服务的机制、类型和效用，针对水利水电工程特征，河流生态系统服务功能的具体内容（鲁春霞 等，2003；欧阳志云 等，2004；莫创荣 等，2006）如下：

（1）产品提供功能：指河流生态系统直接提供的生产活动，以及为人类带来直接利益的产品或服务，包括食品、渔业产品、加工原料等，以及人类生活及生产用水、水力发电、灌溉、航运等。

（2）文化娱乐功能：指河流生态系统对人类精神生活的作用，即文化、美学、休闲、教育等方面的功效和利益，包括美学价值、文化遗产价值、休闲旅游、教育科研、文化多样性等。

（3）支持功能：指河流生态系统具有维护生物多样性、维持自然生态过程与生态环境条件的功能，如保持生物多样性、土壤保持、初级生产力和提供栖息地环境等。

（4）调节功能：指人类从河流生态系统的调节作用中获取的服务功能和利益，如水文调节、河流输送、侵蚀控制、水质净化、气候调节等。

5.9.1.2　评价方法

目前，国内外生态系统服务功能及其价值评估主要集中在湿地、森林、草地等自然生态系统服务功能的研究，对河流生态系统服务功能尤其是水电开发工程对河流生态系统服务功能及价值影响的关注与研究甚少（赵同谦 等，2004；欧阳志云 等，2004）。河流生态系统服务功能评价指标及方法见表 5.9－1（鲁春霞 等，2003；欧阳志云 等，2004；赵同谦 等，2006）。

表 5.9－1　　河流生态系统服务功能评价指标及方法

服务功能分类	评价内容	评价指标	所属子系统	评价方法
产品提供功能	水库养殖	水产养殖量	水域	水利水电工程学方法统计学方法
	农林草产品生产	淹没农作物产量和林草生物量	河岸带	农业科学及统计学方法
	灌溉效益	灌溉面积	水域	农业科学及统计学方法
	航运	货运、客运增加量	水域	统计学方法
文化娱乐功能	旅游收益	库区旅游收入	水域	统计学方法
支持功能	固碳释氧	淹没林草地净初级生产力	河岸带	林业科学、生态学方法
	生物多样性维持	影响生物栖息地面积和特有鱼类种数	水域、河岸带	水生生物学方法
	水土保持	土地侵蚀失控量	河岸带	林业科学、生态学方法
调节功能	防洪效益	保护城镇和农业耕地的面积	水域、河岸带	水利水电工程学方法
	河流输送	水库泥沙淤积量	水域	水利水电工程学方法
	温室气体减排	水电减排 CO_2 量和水库排放 CO_2 量	水域	生命周期分析法
	涵养水源	淹没林草地涵养水源	河岸带	林业科学、生态学方法
	净化水质	水环境容量	水域	环境科学及水利水电工程学方法

5.9.2　生态价值核算方法

5.9.2.1　生态价值理论基础

随着社会和经济的发展，对自然资源是否具有价值这个问题，人们的认识大体上经历了两个阶段，即自然资源无价值阶段和自然资源有价值阶段。经济学说史上先后出现了四种不同的价值理论：劳动价值论、效用价值论、生产要素论和供求决定论（李金昌，1999）。这些价值观点在帮助人们认识和探讨价值的本质、源泉以及相关理论问题方面作出了巨大贡献。但由于所处时代环境的不同以及研究者研究角度、研究方法、个人学识水平、理论偏好等方面的差异，各学派的观点都不可避免地带有一定的时代局限性和研究范围的片面性。当前，自然资源具有价值且一直被低估甚至忽略已成为全人类的共识。自然资源的价值一方面来源于自然资源本身对人类所具有和提供的有用性；另一方面来源于人类认识自然、改造自然和保护自然所花费的劳动耗费。前者决定于自然资源满足人类需要的程度大小，后者取决于人类与自然资源相关的劳动耗费的多少。所以，自然资源价值的大小与其生产费用和效用成正比，同时还受到自然资源的稀缺性、可替代性及供求关系的影响（马中，1999）。

生态价值属于自然资源价值的一类，包括直接利用价值、间接利用价值、选择价值、遗传价值及存在价值（欧阳志云 等，2000）。

5.9.2.2　水电开发适用的生态价值核算方法

在对各单项生态价值进行核算时，常用的核算方法包括：①直接市场评价法，包括生产率变动法、疾病成本法和人力资本法、机会成本法等（毛显强，2004；熊萍 等，2004）；②揭示偏好法，包括旅行费用法、恢复费用法、影子工程法、享乐价值法等；③陈述偏好法，包括专家评估法、条件价值法和投标博弈法等（陆彦，2003）。

除直接市场评价法、揭示偏好法和陈述偏好法这三类方法外，还有一种方法称为成果参照法或效益转移法，就是通过采用上述三类基本方法进行研究而获得的相关评估成果来进行价值估算的方法。在受到数据、经费和时间限制时，成果参照法不失为一种比较可行的方法。生态价值常用核算方法的比较见表5.9-2。

基于生态价值常用核算方法的比较分析结果，可以有针对性地

选择适合于水利水电工程生态价值核算的方法。例如，水利水电工

表 5.9 - 2　　　　　　　　生态价值常用核算方法的比较

类型	适用前提	评价模式	优点	局限性
直接市场评价法	适用于可直接获得相关市场信息、有市场价格的环境资源的价值评估	市场价值法或生产率变动法、人力资本法或疾病成本法、机会成本法	比较客观和直观，建立在充分的信息和明确的因果关系之上，易于计算和调整，争议较少	（1）行为与产出、成本或损害之间的物理关系难以估测； （2）在确定对受者的影响时，很难把环境因子从诸多因素中分离出来； （3）存在价格问题，需要足够的实物量数据，足够的市场价格或影子价格； （4）以市场价格代替支付意愿，不能充分衡量环境质量的价值
揭示偏好法	没有直接的市场交易和市场价格，但具有这些环境资源替代品的市场价格，适用于存在私人物品可以替代某种生态服务功能的情况	享乐价格法、防护支出法与重置成本法、旅行费用法、恢复费用法、影子工程法、防护费用法	替代商品的市场信息比较容易获得，可选择性大，能够利用直接市场法所无法利用的可靠信息，具有一定的客观性	（1）需要大量的数据调查，市场信息获取与分辨比较困难； （2）替代商品的信息与所反映的环境影响存在偏差； （3）环境因素只是涉及的信息之一，其他方面的因素会对数据产生干扰； （4）与直接市场评价法相比，可信度低； （5）不能充分衡量环境质量的价值
陈述偏好法	适用于缺乏公共物品市场，没有市场交易和市场价格的情况	专家评估法、比较博弈法、投标博弈法、无费用选择、优先评价法和德尔菲法、条件价值法	所得结果理论上最接近环境质量的货币价值；可以解决别的方法无法解决的问题	（1）依赖于人们的说辞而非行动，存在多种偏差； （2）支付意愿与接受赔偿意愿之间存在不一致性； （3）问题的设计和调查的方式都需要很强的专业性； （4）和被调查者的水平相关； （5）需要大量样本、时间和费用来获得可靠的数据； （6）抽样结果的汇总存在技术问题
成果参照法	适用于资料不足，并且时间和经费相对有限的情况	成果参照法	简单、快捷、成本低	（1）准确性较低； （2）要求研究对象与已评估对象的情况相似

程实施后对粮食果蔬生产、渔业生产造成的影响以及发电、供水等都可以在市场中参与交易，因而具有市场价格，其最佳评估方法是市场价值法；水利水电工程提供的调蓄洪水等功能以及开发可能造成的流域生态系统服务功能的损耗无法在市场中直接体现，但是常常可以找到提供类似功能的影子工程，得出恢复该功能或者避免该功能丧失的费用，故可采用揭示偏好法来评估；水利水电工程提供的文化娱乐功能可能在市场交易中没有直接体现，同样可以运用揭示偏好法，如娱乐旅游功能可以采用旅行费用法来评估。若难以间接运用市场价格，则可以采用陈述偏好法，通过向该流域周边居民进行支付意愿或补偿意愿调查以获得评估结果；在数据不足、时间和经费有限的情况下，可以运用成果参照法评估，但其准确性较低，通常作为最后的选择。

5.9.3　河流栖息地保护综合经济核算方法

5.9.3.1　综合经济核算框架

根据上述概念剖析及文献综述，本书将河流栖息地保护经济核算分为以下三个阶段：

（1）单要素实物量核算阶段。基于河流生态系统服务功能分类，综合利用水利水电工程学、生态学、环境科学、林业科学、生物学等专业学科方法，开展干流开发、河流栖息地保护的单要素核算，识别干流水电开发的直接发电效益、河流栖息地保护的生态效益、河流栖息地保护损失的开发机会成本。

（2）单要素价值量核算阶段，即生态价值核算阶段。根据生态经济学和环境经济学方法，计算干流水电开发、河流栖息地保护的经济价值量。

（3）综合经济核算阶段。对河流栖息地保护的生态效益、河流栖息地保护损失的开发机会成本各单要素指标进行汇总，得到河流栖息地保护的生态价值，并与干流开发的发电收益进行对比分析。河流栖息地保护经济核算框架见图5.9-1。

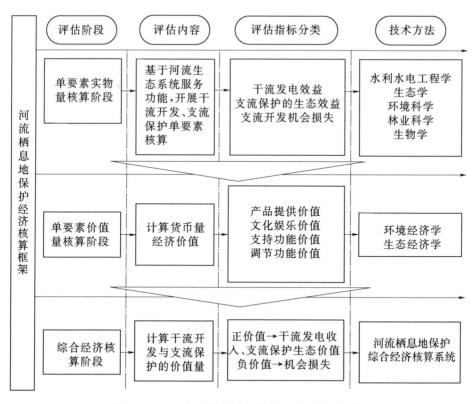

图 5.9-1 河流栖息地保护经济核算框架

5.9.3.2 综合经济核算模式

参考水电建设项目经济评价方法（曹红军，2006），提出河流栖息地保护综合经济核算模式如下：

$$K = \frac{MB}{TC} = \frac{MB}{\sum_{i=1}^{n} TC_i} \qquad (5.9-1)$$

式中：K 为河流栖息地保护综合经济核算系数；当 $K>1$ 时，干流水电开发的直接发电收益大于河流栖息地保护的生态价值；当 $K \leqslant 1$ 时，干流水电开发的直接发电收益小于河流栖息地保护的生态价值，且 K 值越小越好。MB 为干流水电开发的发电收益；TC 为河流栖息地保护的生态价值；TC_i 为第 i 个河流栖息地保护单要素的生态价值。

5.10 河流栖息地保护适宜性评价计算模型

5.10.1 评价模型结构

河流栖息地保护的适宜性评价计算模型从整体上分为子目标计算层和总目标计算层。首先计算指标层的各具体指标值，应用层次分析法、专家打分熵权法和综合权重法计算各指标的权重系数，再计算各子目标值，完成子目标层的计算工作。在此基础上，再次运用层次分析法、专家打分熵权法和综合权重法，计算各子目标的权重系数，将各子目标值与子目标权重进行复合计算得出河流栖息地保护的适宜性指数，根据适宜性指数的数值大小，确定适宜性所属等级，这一计算过程称为总目标计算。适宜性评价的多指标多层次模型结构如图 5.10－1 所示。

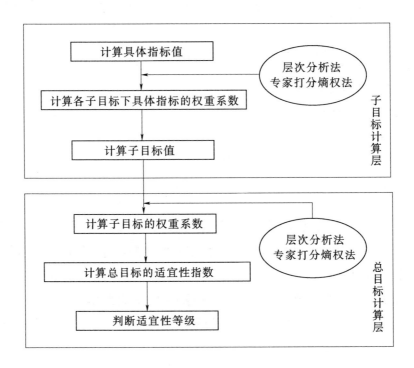

图 5.10－1 适宜性评价的多指标多层次模型结构图

5.10.2　权重计算方法

在适宜性评价过程中，需要对不同的指标赋予不同的权重值来反映指标的相对重要程度，以保证评价结果的准确性和有效性。本书指标权重的计算方法采用层次分析法、专家打分熵权法和综合权重法。层次分析法是根据影响河流栖息地保护的一些客观规律来给指标赋权的方法。该方法考虑了指标真实数据的不同对评价结果的影响，而使待评对象特征与评价结果总体一致，但是，不同河流均有自身的特殊性，因此，各指标的权重应体现具体河流的特点，这种特殊性需通过当地专家或管理者的打分确定。专家打分熵权法是由评价专家或管理人员根据各项指标的重要程度赋权的方法。该方法的赋权基础是基于评价专家对待评河流各项指标重要性的主观认识，因此不可避免地带有一定程度的主观随意性。为了考虑待评河流的特殊性，同时克服专家的主观影响，指标权重计算可采用层次分析法（客观赋权）和专家打分熵权法（主观赋权）相结合的综合权重法。

5.10.2.1　层次分析法

层次分析法（AHP）是一种行之有效的评价分析方法和确定权重系数方法。它把栖息地保护的复杂问题中的各种指标因素通过划分相互联系的层次，使之条理化、有序化，根据对客观实际的判断，将下一层次的各因素与上一层次的各因素进行两两比较判断，构造判断矩阵，通过判断矩阵的计算，进行层次单排序和一致性检验，最后进行层次总排序，得到各因素的组合权重，进而最终计算栖息地保护的适宜性指数。各指标和子目标的客观权重系数用层次分析法确定。层次分析法确定指标权重的步骤如下：

（1）建立递阶层次结构。根据评价对象的具体情况确定评价指标，按照指标属性的不同进行分类分层组合，形成递阶层次结构。

（2）构造两两比较判断矩阵。层次结构中各层的元素可以依次与上一层元素进行两两比较，对重要性赋值，据此建立判断矩阵。判断矩阵的标度及其含义见表 5.10-1，两个指标的相对重要程度采用1～9的标度法赋值。

表 5.10－1　　　　　　　判断矩阵的标度及其含义

标度	含　义
1	表示两个因素相比，具有同等重要性
3	表示两个因素相比，前者比后者稍为重要
5	表示两个因素相比，前者比后者明显重要
7	表示两个因素相比，前者比后者强烈重要
9	表示两个因素相比，前者比后者极端重要
2，4，6，8	表示上述相邻判断的中间值
倒数	若元素 x_i 和 x_j 的重要性之比为 a_{ij}，则元素 x_j 和 x_i 的重要性之比为 $a_{ji} = 1/a_{ij}$

（3）确定权重系数。求判断矩阵的最大特征根 $\lambda_{\max}$ 及其对应的特征向量 W，将 W 归一化，可得同一层次中相应元素的排序权值，这就是层次单排序。层次单排序两个关键问题是求解判断矩阵 A 的最大特征根 $\lambda_{\max}$ 及其对应的特征向量 W。一般采用方根法来计算，其计算方法如下：

1）计算判断矩阵每行元素的乘积 M_i：

$$M_i = \prod_{j=1}^{n} a_{ij}, (i, j = 1, 2, \cdots, n) \tag{5.10－1}$$

2）计算 M_i 的 n 次方根 w_i：

$$w_i = \sqrt[n]{M_i} \tag{5.10－2}$$

3）归一化特征向量 $W = (w_1, w_2, \cdots, w_n)^T$，得权重向量：

$$w_i' = w_i \bigg/ \sum_{j=1}^{n} w_j \tag{5.10－3}$$

则 $W' = (w_1', w_2', \cdots, w_n')^T$，即为所求的权重向量。

（4）一致性检验。为了保证权重的可信度，需要对判断矩阵进行一致性检验。根据矩阵理论，在层次分析法中引入判断矩阵除最大特征根以外的其余特征根的负平均值，作为衡量判断矩阵偏离一致性的指标。具体检验过如下：

1）计算判断矩阵的最大特征根 $\lambda_{\max}$：

$$\lambda_{\max} = \sum_{i=1}^{n} \frac{(AW')_i}{n w_i'} \qquad (5.10-4)$$

2) 计算一致性指标 CI：

$$CI = \frac{\lambda_{\max} - n}{n-1} \qquad (5.10-5)$$

3) 计算一致性比率 CR：

$$CR = \frac{CI}{RI} \qquad (5.10-6)$$

式中：CR 为随机一致性比率；CI 为一致性指标；RI 为平均随机一致性指标。

判断矩阵的平均随机一致性指标 RI 的取值见表 5.10-2。

表 5.10-2　　　　判断矩阵的平均随机一致性指标 RI

n	1	2	3	4	5	6	7	8	9	10
RI	0.00	0.00	0.58	0.90	1.12	1.24	1.32	1.41	1.45	1.49

将 CR 值与 0.1 比较，当 $CR<0.1$ 时，判断矩阵具有满意的一致性，$W'=(w_1', w_2', \cdots, w_n')^{\mathrm{T}}$ 即为权重系数；否则须要重新调整判断矩阵的取值，反复上述步骤，直至具有满意的一致性为止。

通过层次分析法，计算出各指标的客观权重系数 w_j'。

5.10.2.2　专家打分熵权法

专家打分熵权法首先请专家填写打分表，然后对专家主观赋值进行客观化分析和处理，将主观判断与客观计算相结合，增强权重的可信度，能对指标的重要程度进行较客观的确定。熵权法是一种在综合考虑各因素所提供信息量的基础上，计算一个综合指标的数学方法。它主要根据各指标传递给决策者的信息量大小来确定其权重系数。熵原本是一个热力学概念，现已在工程技术、社会经济等领域得到广泛应用。根据信息论基本原理，信息是系统有序程度的度量，而熵则是系统无序程度的度量。信息量越大，不确定性越小，熵也越小，权值应越大；反之，信息量越小，不确定性越大，熵也越大，权值应越小。适宜性评价的专家打分表见表 5.10-3。

表 5. 10 - 3   **适宜性评价的专家打分表**

准则层	分值	子目标层	分值	指 标	分值
替代适宜性		物种相似性		鱼类种群结构相似	
				底栖生物种群结构相似	
		栖息地相似性		水文相似	
				水动力相似	
				水环境相似	
				河流地形地貌相似	
保护适宜性		河流连通性		纵向连通性	
				横向连通性	
		生态健康性		加权可用栖息地面积	
				栖息地破碎性指数	
				水质达标率	

设 m 个评分人，n 个评价指标，x_{ij} 是评分人 i 对指标 j 的打分，x_j^* 是评价指标 j 的最高分。对于收益性指标，x_j^* 越大越好；对于损益性指标，x_j^* 越小越好。根据指标的特征，x_{ij} 与 x_j^* 之比称为 x_{ij} 对于 x_j^* 的接近度，记为 d_{ij} 表示。

当 x_{ij} 为收益性指标时，$d_{ij} = \dfrac{x_{ij}}{x_j^*}$；当 x_{ij} 为损益性指标时，$d_{ij} = \dfrac{x_j^*}{x_{ij}}$。

根据熵的定义，m 个评分人，n 个评价指标的熵为：

$$E = -\sum_{j=1}^{n}\sum_{i=1}^{m} d_{ij}\ln d_{ij} \qquad (5.10 - 7)$$

第 j 个评价指标的相对重要程度的不确定性由下列条件熵确定：

$$E_j = -\sum_{i=1}^{m} \frac{d_{ij}}{d_j}\ln\frac{d_{ij}}{d_j} \qquad (5.10 - 8)$$

其中 $d_j = \sum_{i=1}^{m} d_{ij}$ $(i = 1, 2, \cdots, m; j = 1, 2, \cdots, n)$。

由熵的极值可知，当各个 d_{ij}/d_j 均趋于某一固定值 p 时，记为 $d_{ij}/d_j \rightarrow p$，即各个 d_{ij}/d_j 均相等时，条件熵就越大，从而评价指标的不确定性也就越大。当 $d_{ij}/d_j = 1$ 时，条件熵达到最大 E_{max}，$E_{max} = \ln m$。用 E_{max} 对条件熵 E_j 进行归一化处理，则评价指标 j 的评价决策重要性的熵为：

$$e_j = E_j / E_{max} = -\frac{1}{\ln m} \sum_{i=1}^{m} \frac{d_{ij}}{d_j} \ln \frac{d_{ij}}{d_j} \qquad (5.10-9)$$

则第 j 个评价指标的权重 Q_j 为：

$$Q_j = \frac{1-e_j}{n-E_c} \qquad (5.10-10)$$

其中 $\qquad E_c = \sum_{j=1}^{n} e_j,\ 0 \leqslant Q_j \leqslant 1,\ \sum_{j=1}^{n} Q_j = 1$

5.10.2.3　综合权重法

综合考虑层次分析法与专家打分熵权法，在主观权重系数与客观权重系数确定的基础上，计算各指标的综合权重，计算公式为：

$$W_j = \frac{w'_j Q_j}{\sum\limits_{j=1}^{n} w'_j Q_j} \quad (j = 1, 2, \cdots, n) \qquad (5.10-11)$$

第6章 案 例 应 用

6.1 概　　述

本章主要介绍了3个实际案例。第1个案例是应用河流栖息地特性调查方法，实测分析了四大家鱼宜都产卵场在生态调度期间的水动力特性；第2个案例是应用河流栖息地模拟分析方法，构建了中华鲟葛洲坝坝下产卵场的三维精细模型，分析了产卵场各功能分区的水动力特性；第3个案例是应用河流栖息地保护适宜性评价方法，评价了长江上游一级支流赤水河作为金沙江干流保护栖息地的适宜性。

6.2　四大家鱼宜都产卵场水动力特性实测分析

6.2.1　研究区域

四大家鱼属于产漂流性卵鱼类，其产卵场的定位是通过采集鱼卵，观察其发育期，并参照同期水温数值，估算鱼卵距受精所经历的时间，再依据江水平均流速，推算受精卵漂流历程，由此从鱼卵采集点反推产卵场位置。如果采集点距产卵场较近，这种误差相对较少，如果距离较远，估算出来的产卵场范围往往在 $20 \sim 40 \mathrm{km}$，有些甚至达 $70 \mathrm{km}$。宜都产卵场是历次四大家鱼产卵场调查中较为稳定、规模较大的产卵场，因此其地形和水动力特性具有一定的代表性。近些年，笔者及合作单位根据野外调查经验，接近该产卵场核心区采集鱼卵，以提高传统家鱼产卵场定位精度，将宜都产卵场的范围缩小至陈家河—云池江段（最上游陈家河断面距离葛洲坝下游约 21km），共计 12km 长，具体研究区域如图 6.2 - 1 中的椭圆形框所示。

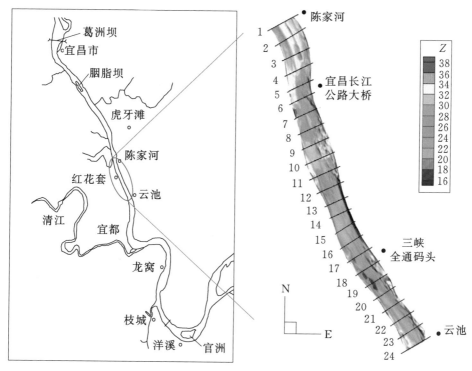

图 6.2 - 1 宜都产卵场及流场测量断面示意图

6.2.2 研究方法

6.2.2.1 流场测量

2014 年 6 月，中国长江三峡集团有限公司针对四大家鱼繁殖实施了人造洪水过程的生态调度。生态调度期间，笔者及合作单位对宜都产卵场进行了流场和生物联合监测，测量时间基本和三峡生态调度同步。流场测量断面如图 6.2 - 1 所示，断面间距为 500m，每天测量相同区域的 24 个断面。家鱼早期资源监测断面为龙窝断面，位于云池下游 21km 处。

流场测量应用声学多普勒流速剖面仪（ADCP），ADCP 频率为 600kHz，测量剖面深度范围为 0.7～75m，对含沙量较高的水域也有较高适用性，且系统可靠性强，易用性高，可满足长江中游水域的地形和流场测量。测量时，上述 ADCP、经纬度卫星定位仪和记录电脑均搭载于测量快艇之上，可在测量快艇横渡河道过程中进行剖面流速、河床地形、经纬度位置的连续采样。ADCP 配套的测量软件将沿航迹断面划分成许多微断面，每个微断面在垂向上又划分为若干单元（砰），流速、水深、位置坐标等数据以 ASCII 码形式，按砰单元进行存储。

6.2.2.2　断面平均涡量计算

涡旋是一种特殊的流速梯度形式，在河流地形与水流的共同作用下，存在各种尺度和形式的涡。本书仅对河流横断面上的涡进行研究，并称此类涡为断面涡，其涡轴平行于流向，河道断面涡如图 6.2 - 2 所示。天然河流中，直接测量涡量很困难，本书通过 ADCP 实测的断面流场数据，应用 VB. NET 编程语言，自主编写程序代码，读取每个测量断面、各砰单元的流速矢量、水深、经纬度坐标等数据，根据相邻砰单元的流速分量计算断面平均涡的大小，具体计算方法参考 Crowder 等（2000）和杨宇（2007）的方法。

如果一个区域的单元涡量包含正负，那么区域涡量的简单叠加将掩盖流场本身的复杂性，因此，为避免计算过程中正负涡量的相互抵消，本书在区域涡量积分求和时，将单元涡量取绝对值后再求和。

断面平均涡量的计算公式为：

$$\Omega = \left(\frac{\partial w}{\partial y} - \frac{\partial v}{\partial z} \right) i + \left(\frac{\partial u}{\partial z} - \frac{\partial w}{\partial x} \right) j + \left(\frac{\partial v}{\partial x} - \frac{\partial u}{\partial y} \right) k \quad (6.2 - 1)$$

$$\Omega_x = \left(\frac{\partial w}{\partial y} - \frac{\partial v}{\partial z} \right) i \quad (6.2 - 2)$$

$$\overline{\Omega}_{ABS} = \frac{\Gamma_{ABS}}{A_{TOT}} = \frac{\iint |\Omega_x| \, \mathrm{d}y \, \mathrm{d}z}{A_{TOT}} = \frac{\sum \left| \left(\frac{\Delta w}{\Delta y} - \frac{\Delta v}{\Delta z} \right) \right| \Delta y \Delta z}{\sum \Delta y \Delta z}$$

$$(6.2 - 3)$$

式中：x 为流向；y 为横向；z 为垂向；Ω 为某位置涡量；Ω_x 为 x

方向涡量，涡轴平行于流向；$\overline{\Omega}_{ABS}$ 为断面平均涡量；Γ_{ABS} 为断面绝对环量；A_{TOT} 为横断面面积；Δu、Δv、Δw 分别为离散成单元格的 x、y、z 方向的流速；$\Delta y \Delta z$ 为横断面方向单元格的面积。

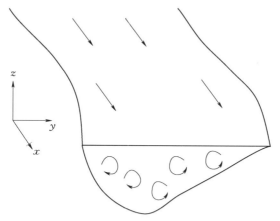

图 6.2-2　河道断面涡示意图

6.2.3　家鱼产卵量与产卵场断面平均涡量的响应关系

根据长江水产研究所早期资源监测数据，2014 年 6 月 1—10 日家鱼产卵量与葛洲坝出库流量的响应关系如图 6.2-2 所示。其中，6 月 4—7 日连续 4 天的涨水过程为三峡生态调度所致。从图 6.2-3 中可以看出，涨水第 2 天起，家鱼开始小规模产卵；涨水第 3 天，家鱼产卵量达到峰值；涨水第 4 天，家鱼产卵量有所减小，但仍维持在较高水平；生态调度结束后 2 天（6 月 8—9 日），来水量回落，家鱼产卵量较明显下降，但仍存在产卵行为。根据式（6.2-3）编程计算每天 24 个测量断面涡量，取其平均值作为全江段断面平均涡量。流场监测期间（6 月 5—8 日）家鱼产卵量与全江段断面平均涡量的响应关系如图 6.2-4 所示。从图 6.2-4 中可以看出，6 月 5—6 日，全江段断面平均涡量由 0.39/s 增大至 0.46/s，增加显著，相应的家鱼产卵量也出现显著增加现象。6 月 6—8 日，全江段断面平均涡量则稳定在一个较高水平（0.45～0.46/s），相应的，6 月 6—8 日家鱼发生持续产卵行为，且 6 月 6—7 日连续两天产卵量维持在高位。将 6 月 5—8 日的家鱼产卵量与全江段断面平均涡量

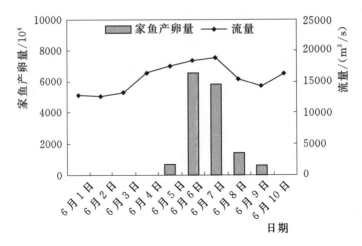

图 6.2-3　2014 年 6 月 1—10 日家鱼产卵量
与葛洲坝出库流量的响应关系

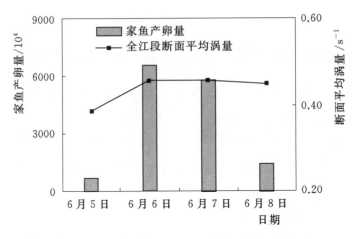

图 6.2-4　2014 年 6 月 5—8 日家鱼产卵量
与全江段断面平均涡量的响应关系

数据进行相关性分析，计算所得 Pearson 相关性系数为 0.730（Pearson 系数在 0.6～0.8 之间为强相关）。可见，家鱼产卵量与全江段断面平均涡量具有较强的正相关关系，断面涡量对家鱼的产卵行为具有一定的刺激作用。从生物学角度而言，较大的断面涡量有利于家鱼精卵混合受精，且保持受精卵在水中翻滚悬浮，不至于下沉死亡。因此，家鱼选择在产卵场江段断面涡量较大的时候持续产卵，也具有一定的生物学意义。

6.2.4 产卵场各断面局部平均涡量与家鱼产卵量的相关关系

为进一步研究生态调度期间宜都产卵场各断面局部平均涡量与家鱼产卵量的相关关系，将实测的每个断面等间距分为左岸、中间和右岸3个子区（图6.2-5），并计算每个子区在生态调度期间的断面平均涡量。应用 Pearson 相关性分析方法，计算了每个断面左、中、右3个子区在生态调度期间断面平均涡量与家鱼产卵量的

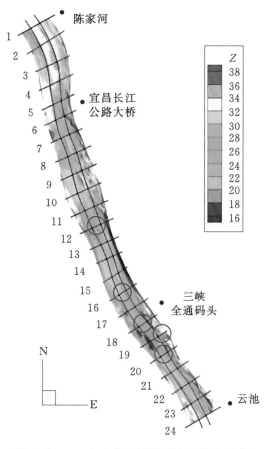

图 6.2-5 生态调度期间断面平均涡量
与家鱼产卵量显著相关区域

相关性系数见表6.2-1。从表6.2-1中可以看出，断面12、断面16、断面18、断面20的中间区域和断面19的左岸区域（图6.2-5的圆框中所示），断面涡量变化与家鱼产卵量变化呈显著正相关关系（Pearson相关性系数大于0.95）。结合3.2.3节分析结果，可以推断这些区域可能是家鱼在宜都产卵场中的具体产卵点位。然而，四大家鱼在产卵场中的具体产卵点位未见报道，这一推论还有待生物学证据予以佐证。

表6.2-1 　　　生态调度期间断面平均涡量与家鱼产卵量的相关性系数

断面编号	Pearson 相关性系数		
	左	中	右
1	0.883	0.547	−0.669
2	−0.136	−0.767	−0.142
3	0.286	−0.085	0.398
4	0.147	−0.417	0.402
5	0.035	0.427	0.831
6	0.134	−0.315	0.739
7	0.484	0.543	0.852
8	0.852	0.717	0.195
9	−0.881	0.728	0.403
10	−0.231	0.800	0.385
11	0.478	0.679	−0.443
12	0.581	0.961	0.230
13	0.478	0.505	0.811
14	0.786	0.566	−0.348
15	0.607	0.920	−0.045
16	0.708	0.988	0.209
17	−0.263	0.526	0.083
18	0.402	0.972	0.878
19	0.999	0.916	−0.039
20	0.855	0.976	0.798
21	0.916	0.946	0.037
22	−0.075	0.564	0.168
23	0.697	−0.349	0.901
24	−0.624	0.764	−0.269

6.3 中华鲟葛洲坝坝下产卵场水动力
特性模拟分析

6.3.1 产卵场水动力模型建立

根据以往调查和研究表明，中华鲟产卵场主要位于葛洲坝坝下至十里红江段。本节根据长江水利委员会三峡水文局 2003 年的河道地形图，应用水动力三维精细模拟方法构建中华鲟产卵场的三维水动力模型。

6.3.1.1 计算区域与边界条件

产卵场水动力模型的计算区域为葛洲坝坝下至十里红江段，河道长约 5km。根据 2004 年中华鲟典型产卵日（2004 年 11 月 12 日）的实际来流情况和宜昌水文站的水位监测数据，设置数值模型中的边界条件。2004 年 11 月 12 日，葛洲坝下泄流量为 10100m³/s，葛洲坝的运行情况为大江、二江电厂正常运行，二江泄水闸和冲沙闸关闭，无法获知大江、二江具体的流量分配。因此假设大江电厂的 14 台机组和二江电厂的 7 台机组均匀出力，依据大江电厂 965×10³kW 和二江电厂 1750×10³kW 的装机容量分配，设置大江进口流量为 6542m³/s，二江进口流量为 3608m³/s，下游出口水位为 42.2m；三江为船闸，船闸过流流量相对主河道流量而言可忽略不计，故三江进口流量设置为 0；河床、二江泄水闸、冲沙闸、大江船闸、导流堤等边壁设置为壁面边界条件。

图 6.3-1 所示为葛洲坝中华鲟产卵场计算区域和边界条件。

6.3.1.2 网格划分

葛洲坝中华鲟产卵场模型采用结构化六面体网格，平面网格尺寸约为 20m×20m，如图 6.3-2 所示；横断面网格在水面之下划分为 15 层，空气部分划分为 10 层，水汽交界面附近进行局部加密（网格垂向最小尺寸为 0.1m），如图 6.3-3 所示，总网格数为 475120 个。

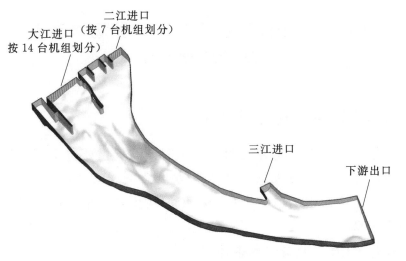

图 6.3-1　葛洲坝中华鲟产卵场计算区域和边界条件

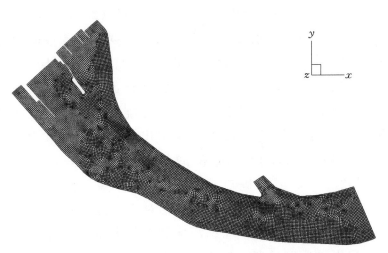

图 6.3-2　葛洲坝中华鲟产卵场模型平面网格

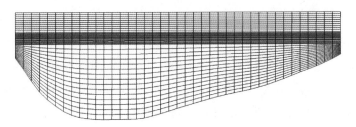

图 6.3-3　葛洲坝中华鲟产卵场模型横断面网格

6.3.1.3 模型验证

根据杨宇（2007）2004年11月12日的12个断面的底层实测流速图（图6.3-4），提取葛洲坝中华鲟产卵场模型中相应断面的底层流速（0.8h相对水深位置的流速）与之对比，底层流速的模拟断面图如图6.3-5所示。选取12个模拟断面的底层流速与实测流速进行详细对比，如图6.3-6所示。从图6.3-5和图6.3-6中可以看出，除靠近边界等局部区域外，模型中各断面的流速大小、方向基本与实测情况吻合较好。

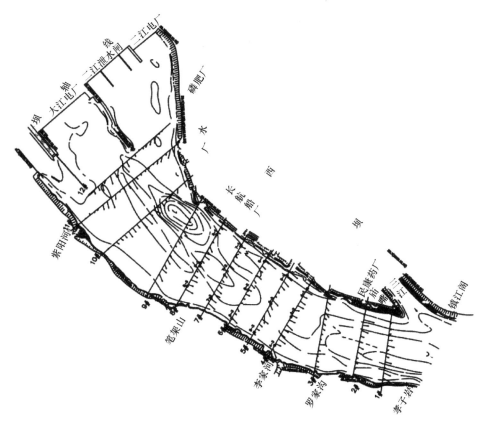

图6.3-4 底层流速实测断面图

6.3.2 中华鲟产卵场功能分区与产前空间分布

对中华鲟亲鱼的遥测追踪和江底直接捞卵（危起伟，2003；Yang 等，2006）得出，葛洲坝中华鲟产卵场分为"上产卵区"和

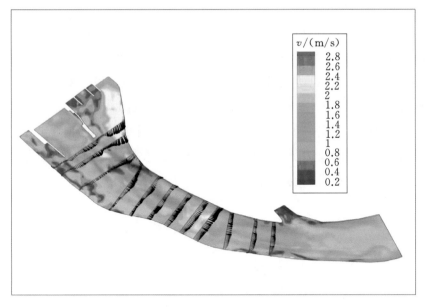

图 6.3-5　底层流速模拟断面图

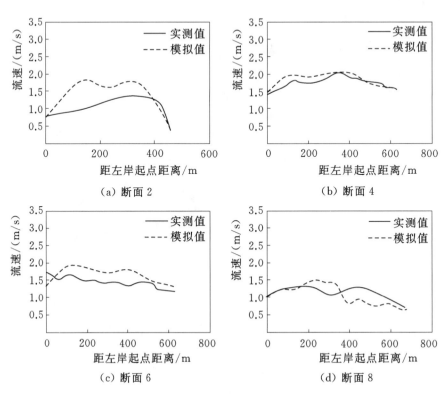

（a）断面 2　　　　　　　　　　　　（b）断面 4

（c）断面 6　　　　　　　　　　　　（d）断面 8

图 6.3-6（一）　底层流速模拟值与实测值对比图

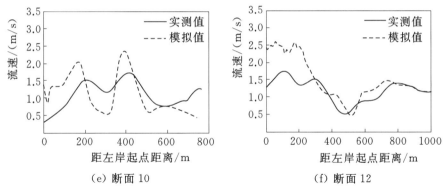

(e) 断面 10　　　　　　　　　　(f) 断面 12

图 6.3 - 6（二）　底层流速模拟值与实测值对比图

"下产卵区"两部分（图 6.3 - 7）。其中，上产卵区上界距离大江电厂坝体约 870m，位于大江电厂尾水下游约 150m，面积约 0.1km²；下产卵区上界距离大江电厂坝体约 2000m，位于下游河槽中央，面积约 0.3km²。据调查，1996—2003 年（葛洲坝坝下河势调整前），中华鲟的产卵区、播卵区和孵化区相对稳定，年际间仅有微小移动。

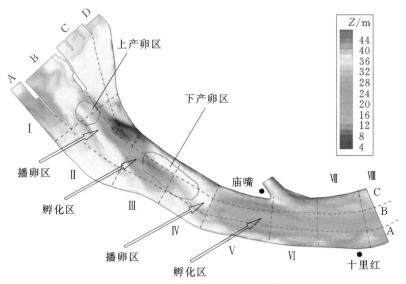

图 6.3 - 7　葛洲坝中华鲟产卵场功能分区

据 2006—2010 年对中华鲟亲鱼的超声波遥测显示（王成友，2012），中华鲟性成熟亲鱼产前广泛分布在产卵场的 I～III 区，其分布比例达 93.12%，横向上中华鲟主要分布在处于河道中间的 B 区，分布比例达 94.95%。为方便本研究对产卵场水动力特性的进一步对比分析，将中华鲟分布点位图（王成友，2012）、中华鲟产卵场功能分区图（图 6.3-7）相叠加，见图 6.3-8，可见中华鲟上产卵区和下产卵区主要位于断面 11、断面 7、断面 6、断面 5 位置，播卵区主要位于断面 10、断面 4、断面 3 位置，孵化区主要为与断面 8、断面 2、断面 1，而中华鲟产前喜好的空间则主要分布在断面 7～12，以下将对这些断面的流速、流线、涡量等水动力特性进行详细分析。

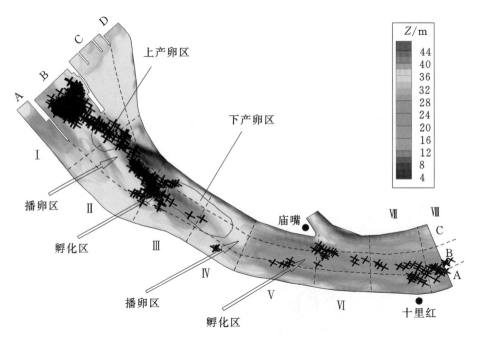

图 6.3-8　中华鲟性成熟群体产前空间分布

注："＋"为中华鲟分布点位。

6.3.3　产卵场各功能分区的流速特性

6.3.3.1　产卵区流速特性

从图 6.3-9 可以看出，断面 11 位于上产卵区内，断面 7、断面 6、断面 5 位于下产卵区内，断面 11、断面 7、断面 6、断面 5 的速度大小及其断面二次流的速度矢量、断面二次流的流线图如图 6.3-9～图 6.3-16 所示。从图 6.3-9 和图 6.3-10 中可以看出，断面 11 的流速变化范围为 0.1～2.7m/s，断面 11 的河道中央区域

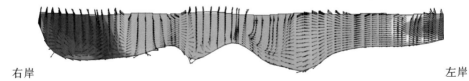

右岸　　　　　　　　　　　　　　　　　　　　　左岸

图 6.3-9　断面 11 速度大小和二次流速度矢量

右岸　　　　　　　　　　　　　　　　　　　　　左岸

图 6.3-10　断面 11 二次流流线图

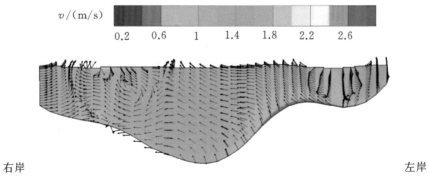

右岸　　　　　　　　　　　　　　　　　　　　　左岸

图 6.3-11　断面 7 速度大小和二次流速度矢量

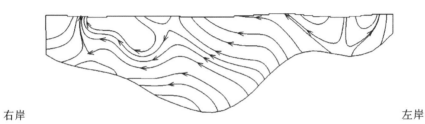

右岸　　　　　　　　　　　　　　　　　　　　　左岸

图 6.3-12　断面 7 二次流流线图

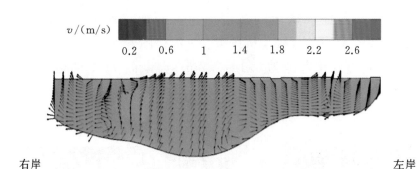

图 6.3-13 断面 6 速度大小和二次流速度矢量

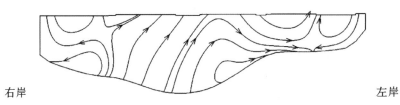

图 6.3-14 断面 6 二次流流线图

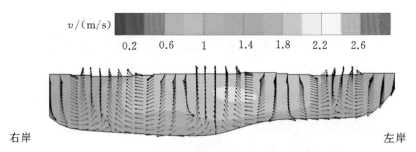

图 6.3-15 断面 5 速度大小和二次流速度矢量

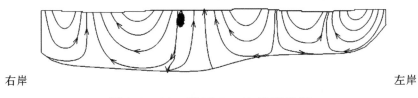

图 6.3-16 断面 5 二次流流线图

位于上产卵区内,该区域流速变化范围为 $1.0\sim1.8\text{m/s}$,且断面 11 的二次流在左岸顺时针横向环流与右岸靠中间的逆时针横向环流共同作用下在河道中央区域形成上升流。从图 6.3-11 和图 6.3-12

中可以看出，断面 7 的流速变化范围为 0.4～1.7m/s，断面 7 的河道中央及靠左岸侧区域位于下产卵区内，该区域流速变化范围为 0.4～1.7m/s，断面 7 的河道中央及靠左岸侧区域内伴随横向环流有大面积的上升流区域。从图 6.3－13 和图 6.3－14 中可以看出，断面 6 的流速变化范围为 0.8～1.7m/s，断面 6 的河道中央及靠左岸侧区域位于下产卵区内，该区域流速变化范围也为 0.8～1.7m/s，且断面 6 的河道中央及靠左岸侧区域内有大面积的上升流区域。从图 6.3－15 和图 6.3－16 中可以看出，断面 5 的流速变化范围为 1.1～2.0m/s，断面 5 的河道中央及靠左岸侧区域位于下产卵区内，该区域流速变化范围也为 1.1～2.0m/s，断面 5 的河道中央有小涡旋，且河道中央及靠左岸侧区域内伴随着横向环流有大面积的上升流区域。

整体而言，断面 11、断面 7、断面 6、断面 5 的流速范围在 0.1～2.7m/s，位于产卵区范围内的断面流速范围在 0.4～2.0m/s，且产卵区断面二次流在伴随的横向环流、局部涡旋下，具有较大面积的上升流区，有利于中华鲟受精卵的充分混合。

6.3.3.2 播卵区流速特性

从图 6.3－8 可以看出，断面 10 位于上产卵区下游的播卵区内，断面 4、断面 3 则位于下产卵区下游的播卵区内，断面 10、断面 4、断面 3 的速度大小及其断面二次流的速度矢量、断面二次流的流线图如图 6.3－17～图 6.3－22 所示。从图 6.3－17 和图 6.3－18 中可以看出，断面 10 的流速变化范围为 0.1～2.1m/s，断面 10

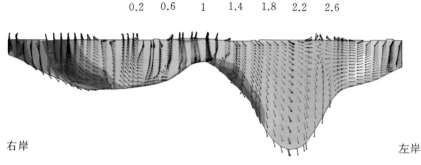

图 6.3－17 断面 10 速度大小和二次流速度矢量

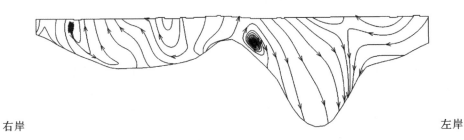

右岸　　　　　　　　　　　　　　　　　　　　左岸

图 6.3-18　断面 10 二次流流线图

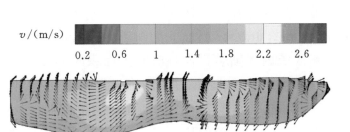

右岸　　　　　　　　　　　　　　　　　　　　左岸

图 6.3-19　断面 4 速度大小和二次流速度矢量

右岸　　　　　　　　　　　　　　　　　　　　左岸

图 6.3-20　断面 4 二次流流线图

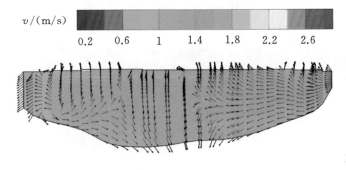

右岸　　　　　　　　　　　　　　　　　　　　左岸

图 6.3-21　断面 3 速度大小和二次流速度矢量

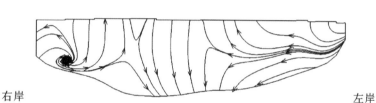

图 6.3-22 断面 3 二次流流线图

江心滩的左岸侧位于播卵区内，该区域流速变化范围为 0.3～2.1m/s，断面二次流在江心滩左岸侧形成涡旋，且伴随有大面积下降流。从图 6.3-19 和图 6.3-20 中可以看出，断面 4 的流速变化范围为 1.1～2.1m/s，断面 4 的河道中部位于播卵区内，该区域流速变化范围为 1.4～2.1m/s，断面二次流在河道中部水面形成涡旋，且伴随有下降流。从图 6.3-21 和图 6.3-22 中可以看出，断面 3 的流速变化范围为 0.6～1.6m/s，断面 3 的河道中部位于播卵区内，该区域流速变化范围为 1.0～1.4m/s，断面二次流河道中部有大面积下降流。

整体而言，断面 10、断面 4、断面 3 的流速范围为 0.1～2.1m/s，播卵区范围内的断面流速为 0.3～2.1m/s，且播卵区断面二次流在伴随局部涡旋下，具有较大面积的下降流区，有利于中华鲟受精卵的散播和沉降着床。

6.3.3.3 孵化区流速特性

从图 6.3-8 可以看出，断面 8 位于上产卵区下游的孵化区内，断面 2、断面 1 则位于下产卵区下游的孵化区内，断面 8、断面 2、断面 1 的速度大小及其断面二次流的速度矢量、断面二次流的流线图如图 6.3-23～图 6.3-28 所示。从图 6.3-23 和图 6.3-24 中可以看出，断面 8 的流速变化范围为 0.4～1.8m/s，断面 8 河道中部位于孵化区内，该区域流速变化范围为 0.6～1.2m/s，断面二次流在河道中部水面形成涡旋，且伴随有大面积下降流。从图 6.3-25 和图 6.3-26 中可以看出，断面 2 的流速变化范围为 0.3～1.6m/s，断面 2 的河道中部位于孵化区内，该区域流速变化范围为 0.8～1.4m/s，断面二次流在河道中部横向环流作用下伴随有大面积下降流区。从图 6.3－27 和图 6.3－28 中可以看出，断面 1 的流速变化范围为 0.4～1.5m/s，断面 3 的河道中部位于播卵区内，该区域流速变化范围为 0.8～1.5m/s，断面二次流河道中部有大面积下降流。

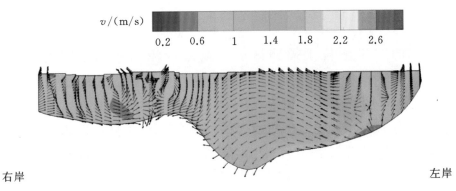

图 6.3－23　断面 8 速度大小和二次流速度矢量

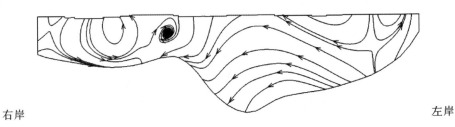

图 6.3－24　断面 8 二次流流线图

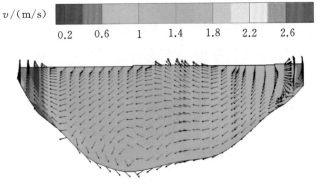

图 6.3－25　断面 2 速度大小和二次流速度矢量

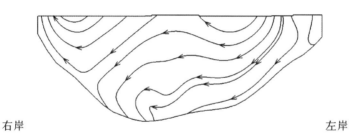

右岸　　　　　　　　　　　　　　　　左岸

图 6.3-26　断面 2 二次流流线图

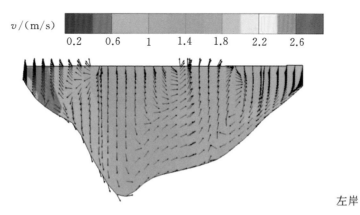

右岸　　　　　　　　　　　　　　　　左岸

图 6.3-27　断面 1 速度大小和二次流速度矢量

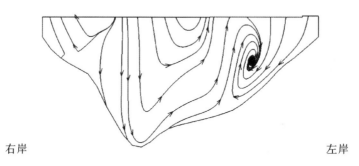

右岸　　　　　　　　　　　　　　　　左岸

图 6.3-28　断面 1 二次流流线图

　　整体而言，断面 8、断面 2、断面 1 的流速范围为 0.4~1.8m/s，孵化区范围内的断面流速为 0.6~1.5m/s，且孵化区断面二次流具有较大面积的下降流区，有利于中华鲟受精卵附着于河床，水流下降也为砾石缝中的着床受精卵提供了足够氧气，有利于中华鲟孵化。

6.3.4　产卵场底层涡量特性

图 6.3 - 29 为葛洲坝产卵场底层涡量分布与中华鲟点位分布图。从图 6.3 - 29 中可以看出，位于二江电厂尾水区下游的 Ⅰ - D区、位于二江泄水闸下游 Ⅰ - C区和位于大江泄洪冲沙闸下游的 Ⅱ - A区涡量强度较大，大面积区域涡量超过 1.5/s，而上产卵区、下产卵区及其播卵区和孵化区范围内，除局部小面积涡量超过 1.5/s，其余区域涡量较为适中，大多数区域涡量为 0.2～0.8/s。为进一步了解中华鲟亲鱼分布与产卵场底层涡量之间的响应关系，将中华鲟产前点位图与底层涡量图进行叠加。从图 6.3 - 29 可以进一步看出，中华鲟亲鱼产前的喜好栖息地区域大多为涡量强度适中的区域（涡量在 0.2～0.8/s 范围），在涡量强度较大的 Ⅰ - D区、Ⅰ - C区和 Ⅱ - A区未见中华鲟分布，可见中华鲟产前栖息及产卵繁殖行为对涡量有一定的选择。

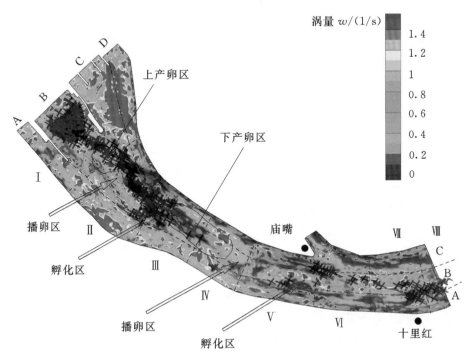

图 6.3 - 29　葛洲坝产卵场底层涡量分布与中华鲟点位分布图

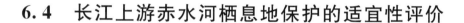

6.4 长江上游赤水河栖息地保护的适宜性评价

赤水河为长江上游的一级支流，地形地貌复杂，栖息地多样，是许多鱼类栖息和繁殖的场所。赤水河具备长江上游特有鱼类栖息、繁殖的条件，特别是目前赤水河干流没有修建水坝，仍然保持天然河流状态。随着金沙江下游梯级开发的相继实施，金沙江下游河段的喜流性鱼类只能向支流发展，一些原来在金沙江下游干流栖息繁殖的鱼类可能会在赤水河找到新的繁殖场所。因此，本节将应用河流栖息地保护的适宜性评价方法，对赤水河作为金沙江下游河段替代栖息地的适宜性作进一步分析和评价。

6.4.1 金沙江下游河段的保护目标

6.4.1.1 非生物目标

金沙江下游河段替代保护的非生物目标是与金沙江下游干流相似的支流栖息地，尤其是原干流重点保护鱼类能够生存繁殖的支流栖息地。同时，支流的栖息地条件与受影响干流的栖息地条件越相似，且本身的栖息地健康条件越好，河流替代保护的效果就越好。

6.4.1.2 生物目标

金沙江下游河段替代保护的生物目标是受金沙江下游四个梯级电站开发影响的鱼类，尤其是珍稀、特有鱼类。拟进行替代保护的支流中，保护的受干流开发影响的鱼类物种越多，种群丰度越高，替代保护的效果就越好。

金沙江下游的土著鱼类代表着河流中大多数较为普遍的本地种鱼类，土著鱼类中属于长江上游特有的鱼类，具有一定的地域特殊性，是保护的重点，而特有鱼类中的重点保护鱼类，往往是一些珍稀鱼类，是保护的重中之重。因此，拟进行替代保护的支流与金沙江干流之间，土著鱼类、特有鱼类和重点保护鱼类三者的物种相似性越好，河流替代保护的效果越好，且普遍和特殊的鱼类都能受到较大程度的保护。

6.4.2 赤水河的替代适宜性

6.4.2.1 赤水河与金沙江下游河段的栖息地相似性

（1）水文相似性。

1）日流量过程相似性。日流量的变化具有典型的时间属性，在对日流量过程的相似性分析时，首先将流量数据进行标准化，再进行流量相似元值的计算。选择赤水河中游的茅台水文站、下游的赤水水文站、金沙江下游中段的华弹水文站、下段的屏山水文站为代表水文站，应用其水文数据进行定量分析。常规的流量相似元计算是将相同时刻赤水站和屏山站、茅台站和华弹站的流量变化斜率逐一对比而得。1972—1979 年，赤水站和屏山站的流量相似元值的年平均值为 0.729，茅台站和华弹站的流量相似元值的年平均值为 0.726，平均相似元值为 0.727，处于基本相似等级。常规方法下，1972—1979 年赤水河与金沙江下游河段流量的常规相似元计算结果见表 6.4－1。

表 6.4－1　1972—1979 年赤水河与金沙江下游河段流量的
常规相似元计算结果

年份	流量相似元值			相似等级
	赤水站和屏山站	茅台站和华弹站	平均值	
1972	0.744	0.738	0.741	基本相似
1973	0.732	0.705	0.718	基本相似
1974	0.748	0.725	0.736	基本相似
1975	0.702	0.726	0.714	基本相似
1976	0.752	0.732	0.742	基本相似
1977	0.704	0.720	0.712	基本相似
1978	0.719	0.729	0.724	基本相似
1979	0.729	0.733	0.731	基本相似
年平均	0.729	0.726	0.727	基本相似

为挖掘赤水站和屏山站、茅台站和华弹站之间流量变化的最相似区段和平移时间，本书应用相似性搜索方法对赤水河和金沙江下游干流的流量相似性作进一步分析。流量相似性搜索的平移时间阈值为 30 天，标准化后为 30 个单位时间间隔。相似性搜索时，固定屏山站和华弹站的流量变化曲线，通过向左或向右平移赤水站和茅台站的流量变化曲线，搜索最大相似元值的相似区间和平移时间。经相似性搜索，当 1972 年茅台站的流量变化曲线向右平移 6 个单位时间间隔时，茅台站和华弹站的流量变化曲线相似性最高，其相似元值达 0.740，1972—1979 年流量的相似性搜索结果见表 6.4 - 2。以 1979 年为例，赤水站和屏山站、茅台站和华弹站最相似区间的流量变化曲线如图 6.4 - 1 和图 6.4 - 2 所示。结合图 6.4 - 1 和图 6.4 - 2 可以看出，华弹站和屏山站的流量变化相对剧烈，赤水站和茅台站的流量变化振幅较小，赤水站和屏山站、茅台站和华弹站的流量变化在整体趋势上比较相似，都是在春末和夏季（5—9 月）出现流量高峰，这表明赤水河和金沙江下游干流在流量方面基本相似。

表 6.4 - 2　　　　1972—1979 年流量的相似性搜索结果

年份	流量相似元值			平移时间间隔[①]		相似等级
	赤水站和屏山站	茅台站和华弹站	平均值	赤水站和屏山站	茅台站和华弹站	
1972	0.744	0.740	0.742	0	6	基本相似
1973	0.732	0.723	0.727	0	10	基本相似
1974	0.748	0.731	0.739	0	3	基本相似
1975	0.702	0.726	0.714	0	0	基本相似
1976	0.752	0.732	0.742	0	3	基本相似
1977	0.704	0.720	0.712	0	0	基本相似
1978	0.719	0.730	0.724	0	1	基本相似
1979	0.731	0.736	0.734	1	1	基本相似
年平均	0.729	0.730	0.729	0.125	3.000	基本相似

①　平移时间间隔向右为正，向左为负。

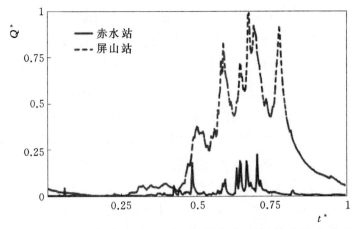

图 6.4-1　1979 年赤水站和屏山站最相似区间的流量变化曲线

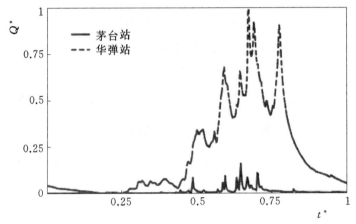

图 6.4-2　1979 年茅台站和华弹站最相似区间的流量变化曲线

2）产卵期流量涨水参数相似性。对赤水站和屏山站、茅台站和华弹站的总涨水次数相似元值、总有效涨水天数相似元值、涨水持续时间相似元值进行计算，计算结果见表6.4-3～表6.4-5。从表6.4-3中可以看出，赤水站和屏山站的总涨水次数相似性较低，其相似元值平均为0.423，茅台站和华弹站的总涨水次数相似性较高，其相似元值平均为0.906，下游与中游的平均相似元值为0.664，处于基本相似等级。从表6.4-4中可以看出，赤水站和屏山站、茅台站和华弹站的总有效涨水天数相似性均较低，其相似元值的年平均值分别为0.288、0.137，平均相似元值为0.213，处于一般相似等级。从表 6.4-5 可以看出，赤水站和屏山站涨水持续时间相似性较高，其相似元值平均为 0.674，茅台站和华弹站的涨水持续时间相似性较低，其相似元值平均为 0.115，平均相似元值为 0.395，处于一般相似等级。

表 6.4-3　　　　总涨水次数的相似元计算结果

年份	总涨水次数相似元值			相似等级
	赤水站和屏山站	茅台站和华弹站	平均值	
1972	0.571	1.000	0.786	基本相似
1973	0.583	1.000	0.792	基本相似
1974	0.429	1.000	0.714	基本相似
1975	0.625	0.250	0.438	一般相似
1976	0.455	1.000	0.727	基本相似
1977	0.333	1.000	0.667	基本相似
1978	0.273	1.000	0.636	基本相似
1979	0.111	1.000	0.556	基本相似
平均	0.423	0.906	0.664	基本相似

表 6.4-4　　　　总有效涨水天数的相似元计算结果

年份	总有效涨水天数相似元值			相似等级
	赤水站和屏山站	茅台站和华弹站	平均值	
1972	0.349	0.098	0.223	一般相似
1973	0.532	0.172	0.352	一般相似
1974	0.234	0.165	0.200	一般相似
1975	0.309	0.033	0.171	不相似
1976	0.375	0.125	0.250	一般相似
1977	0.236	0.189	0.213	一般相似
1978	0.212	0.198	0.205	一般相似
1979	0.058	0.119	0.088	不相似
平均	0.288	0.137	0.213	一般相似

表 6.4 - 5   涨水持续时间的相似元计算结果

年份	涨水持续时间相似元值			相似等级
	赤水站和屏山站	茅台站和华弹站	平均值	
1972	0.610	0.098	0.354	一般相似
1973	0.912	0.103	0.507	基本相似
1974	0.546	0.124	0.335	一般相似
1975	0.495	0.132	0.313	一般相似
1976	0.825	0.083	0.454	一般相似
1977	0.709	0.113	0.411	一般相似
1978	0.776	0.148	0.462	一般相似
1979	0.519	0.119	0.319	一般相似
平均	0.674	0.115	0.395	一般相似

从整体上来看，赤水河和金沙江下游干流在总涨水次数方面相似性较高，在总有效涨水天数和涨水持续时间方面相似性较为一般。

3）日水位过程相似性。日水位的变化具有典型的时间属性，在日水位过程的相似性分析时，首先将水位数据进行标准化，再进行水位相似元值的计算。常规的水位相似元计算是通过相同时刻赤水站和屏山站、茅台站和华弹站的水位变化斜率逐一对比而得。1972—1979 年，赤水站和屏山站的水位相似元值的年平均值为 0.699，茅台站和华弹站的流量相似元值的年平均值为 0.669，平均相似元值为 0.684，处于基本相似等级。常规方法下，1972—1979 年的流量相似元计算结果见表 6.4 - 6。

为挖掘赤水站和屏山站、茅台站和华弹站之间水位变化的最相似区段和平移时间，应用相似性搜索方法对赤水河和金沙江下游干流的水位相似性作进一步分析。水位相似性搜索的平移时间阈值为 30 天，标准化后为 30 个单位时间间隔。相似性搜索时，固定屏山站和华弹站的水位变化曲线，通过向左或向右平移赤水站和茅台站的水位变化曲线，搜索相似元值达到最大的相似区间和平移时间。经相似性搜索，当 1972 年茅台站的水位变化曲线向右平移 6 个单位时间间隔时，茅台站和华弹站的水位变化曲线相似性最高，其相似

表 6.4 - 6   1972—1979 年的流量相似元计算结果

年份	水位相似元值			相似等级
	赤水站和屏山站	茅台站和华弹站	平均值	
1972	0.713	0.681	0.697	基本相似
1973	0.696	0.638	0.667	基本相似
1974	0.701	0.662	0.681	基本相似
1975	0.682	0.662	0.672	基本相似
1976	0.733	0.666	0.700	基本相似
1977	0.675	0.652	0.664	基本相似
1978	0.685	0.690	0.688	基本相似
1979	0.704	0.704	0.704	基本相似
年平均	0.699	0.669	0.684	基本相似

元值达 0.691，其他年份水位的相似性搜索结果见表 6.4 - 7。以 1979 年为例，赤水站和屏山站、茅台站和华弹站最相似区间的水位变化曲线如图 6.4 - 3 和图 6.4 - 4 所示。结合图 6.4 - 3 和图 6.4 - 4 可以看出，屏山站和华弹站的水位变化相对剧烈，赤水站和茅台站的水位变化振幅较小，赤水站和屏山站、茅台站和华弹站的水位变化在整体趋势上比较相似，都是在春末和夏季（5—9月）出现水位高峰，这表明赤水河和金沙江下游干流在水位方面基本相似。

表 6.4 - 7   水位的相似性搜索结果

年份	水位相似元值			平移时间间隔[①]		相似等级
	赤水站和屏山站	茅台站和华弹站	平均值	赤水站和屏山站	茅台站和华弹站	
1972	0.713	0.691	0.702	0	6	基本相似
1973	0.696	0.671	0.684	0	10	基本相似
1974	0.701	0.662	0.681	0	1	基本相似
1975	0.682	0.662	0.672	0	0	基本相似
1976	0.733	0.666	0.700	0	0	基本相似

续表

年份	水位相似元值			平移时间间隔①		相似等级
	赤水站和屏山站	茅台站和华弹站	平均值	赤水站和屏山站	茅台站和华弹站	
1977	0.675	0.652	0.664	0	0	基本相似
1978	0.685	0.690	0.688	0	0	基本相似
1979	0.704	0.705	0.704	0	1	基本相似
年平均	0.699	0.675	0.687	0.000	2.250	基本相似

① 平移时间间隔向右为正，向左为负。

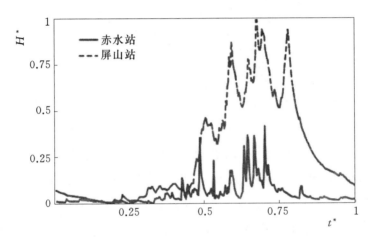

图 6.4-3　1979 年赤水站和屏山站最相似区间的水位变化曲线

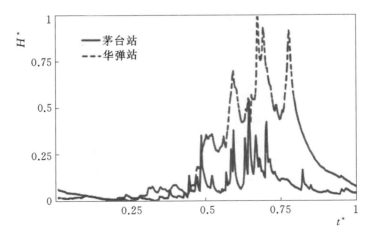

图 6.4-4　1979 年茅台站和华弹站最相似区间的水位变化曲线

4）水温相似性。水温的变化具有典型的时间属性，可将水温数据标准化处理后，再进行水温相似元值的计算。茅台站水温变化曲线和屏山站水温变化曲线的数据样本均为日数据，单位时间间隔均为日，因此在进行水温相似元的数值计算之前，无须再进行时刻对等处理。常规的水温相似元计算是对相同时刻茅台站和屏山站的水温变化斜率进行逐一对比而得，2002—2007 年的水温相似元值的年平均为 0.618，相似程度均处于基本相似等级。常规方法下，水温的常规相似元计算结果见表 6.4 - 8。

表 6.4 - 8　　　　　　　　　水温的常规相似元计算结果

年份	水温相似元值	相似等级
	茅台站和屏山站	
2002	0.599	基本相似
2003	0.603	基本相似
2004	0.635	基本相似
2005	0.601	基本相似
2006	0.624	基本相似
2007	0.646	基本相似
年平均	0.618	基本相似

为挖掘茅台站和屏山站水温变化的最相似区段和平移时间，应用相似性搜索方法对茅台站和屏山站的水温相似性作进一步分析。相似性搜索的平移时间阈值为 30 天，标准化后为 30 个单位时间间隔。水温相似性搜索时，固定屏山站的水温变化曲线，通过向左或向右平移茅台站的水温变化曲线，搜索相似元值达到最大的相似区间和平移时间。经相似性搜索，当 2007 年茅台站的水温变化曲线向右平移 1 个时间间隔时，茅台站和屏山站的水温变化曲线相似性最高，其相似元值达 0.653，其他年份水温的相似性搜索结果见表 6.4 - 9。以 2007 年为例，茅台站和屏山站最相似区间的水温变化曲线如图 6.4 - 5 所示。从图 6.4 - 5 中可以看出，茅台站的水温变化振幅较大，屏山站的水温变化相对缓和，茅台站和屏山站的水温

变化在整体趋势上比较相似，这表明赤水河和金沙江下游干流在水温方面基本相似。

表 6.4 – 9 水温的相似性搜索结果

年 份	水温相似元值	平移时间间隔[①]	相似等级
	茅台站和屏山站	茅台站和屏山站	
2002	0.599	0.000	基本相似
2003	0.603	0.000	基本相似
2004	0.635	0.000	基本相似
2005	0.606	3.000	基本相似
2006	0.651	1.000	基本相似
2007	0.653	1.000	基本相似
年平均	0.624	0.833	基本相似

① 平移时间间隔向右为正，向左为负。

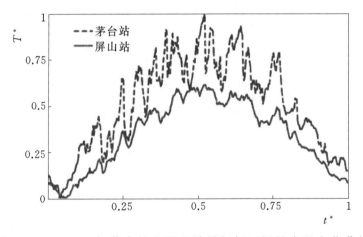

图 6.4 – 5 2007 年茅台站和屏山站最相似区间的水温变化曲线

（2）水动力相似性。赤水河和金沙江下游河段在进行水动力方面的相似性计算时，需要较为详细的栖息地流场调查数据，但是这两个江段河流属典型山区河流，河谷狭窄，交通不便，因此赤水河和金沙江下游河段的小尺度流场数据匮乏。若借助数值模拟手段，则需二维、甚至三维的模拟结果，而这两个江段的小尺度地形数据同样极度缺乏。因此，现有条件不足以进行水动力的相似性分析，本书中暂不计算赤水河与金沙江下游河段栖息地的水动力相似性指数。

（3）水环境相似性。根据 2006—2009 年水质监测数据各指标的年平均值，对赤水河与金沙江下游干流的溶解氧（DO）、pH 值、磷（P）、氨氮（NH_3-N）、COD_{Mn}、铅（Pb）等水质指标的相似元进行计算，具体计算结果见表 6.4-10。从表 6.4-10 中可以看出，赤水河与金沙江下游干流溶解氧 DO 的年平均相似元值为 0.963，处于高度相似等级；pH 值的年平均相似元值为 0.992，处于高度相似等级；P 的年平均相似元值为 0.542，处于基本相似等级；NH_3-N 的年平均相似元值为 0.522，处于基本相似等级；COD_{Mn} 的年平均相似元值为 0.445，处于一般相似等级；Pb 的年平均相似元值为 0.621，处于基本相似等级。整体上看，赤水河与金沙江下游的水质指标相似程度较高，个别指标如 COD_{Mn} 相似性一般，是由于金沙江下游屏山站的 COD_{Mn} 指标值偏高，虽然从相似的角度来看其相似性一般，但实际上赤水河的水质更优，更有利于鱼类的栖息繁殖。

表 6.4-10　　　　　　　水质的相似元计算结果

年份	DO	pH 值	P	NH_3-N	COD_{Mn}	Pb
2006	0.961	0.989	0.600	0.364	0.765	0.325
2007	0.984	0.990	0.652	0.558	0.474	0.533
2008	0.987	0.998	0.750	0.733	0.210	0.967
2009	0.919	0.990	0.167	0.433	0.331	0.659
平均	0.963	0.992	0.542	0.522	0.445	0.621
相似等级	高度相似	高度相似	基本相似	基本相似	一般相似	基本相似

（4）河流地形地貌相似性。

1）蜿蜒度相似性。对赤水河与金沙江下游干流分段蜿蜒度的相似元值进行计算，计算时假设各分段的权值系数相同，计算结果见表 6.4-11。从表 6.4-11 中可以看出，赤水河与金沙江下游干流在上段和中段蜿蜒度的相似元值分别为 0.850 和 0.934，处于高度相似等级，而下段蜿蜒度的相似元值为 0.492，处于一般相似等级，全河长平均蜿蜒度的相似元值为 0.759，处于基本相似等级。这表明，赤水河与金沙江下游干流上段和中段蜿蜒度的相似程度很高，而下段蜿蜒度的相似程度一般，整体蜿蜒度的相似程度较高。

表 6.4-11　　　　　　　蜿蜒度的相似元计算结果

分段情况	蜿蜒度的相似元值	相似等级
下段	0.850	高度相似
中段	0.934	高度相似
上段	0.492	一般相似
全河长平均	0.759	基本相似

2）河床比降相似性。对赤水河和金沙江下游干流河底坡降的分段相似元值进行计算，计算时假设各分段的权值系数相同，计算结果见表 6.4-12。从表 6.4-12 中可以看出，赤水河和金沙江下游干流中段河底坡降的相似元值高为 0.824，处于高度相似等级；下段和上段河底坡降的相似元值分别为 0.572 和 0.738，处于基本相似等级；全河长平均河底坡降的相似元值为 0.712，处于基本相似等级。这表明，赤水河和金沙江下游干流中段的河底坡降相似程度很高，而上段和下段河底坡降的相似程度较高，整体河底坡降的相似程度较高。

表 6.4-12　　　　　　　河底坡降的相似元计算结果

分段情况	河底坡降相似元值	相似等级
下段	0.572	基本相似
中段	0.824	高度相似
上段	0.738	基本相似
全河长平均	0.712	基本相似

3）断面形态相似性。对赤水河和金沙江下游干流断面形态的相似元值进行计算，计算时假设各断面类型的权值系数相同，计算

结果见表 6.4 - 13。从表 6.4 - 13 中可以看出，赤水河与金沙江下游干流 V 形断面和 U 形断面所占比例的相似元值高达 0.913 和 0.932，处于高度相似等级；W 形断面所占比例的相似元值为 0.339，处于一般相似等级。整体而言，赤水河与金沙江下游的断面形态相似元值为 0.728，处于基本相似等级。

表 6.4 - 13   **断面形态的相似元计算结果**

断面类型	断面形态相似元值	相似等级
V 形	0.913	高度相似
U 形	0.932	高度相似
W 形	0.339	一般相似
整体	0.728	基本相似

6.4.2.2 赤水河与金沙江下游的物种相似性

（1）土著鱼类的物种相似性。根据 2006—2013 年中国科学院水生生物研究所、水工程生态研究所和中科院动物研究所等多家单位的统计资料，金沙江下游分布的 89 种土著鱼类中有 66 种在赤水河有分布。从鱼类组成的科级水平来看，金沙江下游分布的所有鱼类科在赤水河都有分布，而赤水河分布的鲟科、白鲟科、鳗鲡科、亚口鱼科、斗鱼科、鮨科、鳢科和青鳉科在金沙江下游没有分布，两江段均以鲤科为主要类群。赤水河与金沙江下游河段土著鱼类的物种相似性指数 $D5$ 计算得分为：

$$D5 = \frac{E5_{支流}}{E5_{干流}} = \frac{66}{89} = 0.742$$

（2）特有鱼类的物种相似性。根据 2006—2013 年的调查统计资料，在金沙江下游分布的土著鱼类中，属于长江上游特有鱼类的有 42 种，这些特有鱼类除西昌白鱼、寻甸白鱼、短臂白鱼、裸体异鳔鳅鮀、长身鳛、原鲮、长丝裂腹鱼、黑斑云南鳅、昆明高原鳅、前鳍高原鳅、四川爬岩鳅、窑滩间吸鳅、长尾后平鳅、中臂拟鲿、黄石爬鮡、中华鮡和前臀鮡 17 种外，其他 25 种在赤水河有分布。赤水河与金沙江下游河段特有鱼类相似度指数 $D6$ 计算得分为：

$$D6 = \frac{E6_{支流}}{E6_{干流}} = \frac{25}{42} = 0.595$$

（3）重点保护鱼类的物种相似性。根据 2006—2013 年的调查统计资料，在赤水河分布的长江上游特有鱼类中，属于重点保护鱼类的有 13 种，包括白鲟、达氏鲟、胭脂鱼、圆口铜鱼、长鳍吻鮈、鲈鲤、四川白甲鱼、短须裂腹鱼、齐口裂腹鱼、细鳞裂腹鱼、四川裂腹鱼、岩原鲤和长薄鳅。在金沙江下游分布的长江上游特有鱼类中，属于重点保护鱼类的有 13 种，包括圆口铜鱼、长鳍吻鮈、裸体异鳔鳅鮀、鲈鲤、四川白甲鱼、短须裂腹鱼、长丝裂腹鱼、齐口裂腹鱼、细鳞裂腹鱼、四川裂腹鱼、岩原鲤、长薄鳅和前臀鮡。两江段共同分布的重点保护对象有圆口铜鱼、长鳍吻鮈、鲈鲤、四川白甲鱼、短须裂腹鱼、齐口裂腹鱼、细鳞裂腹鱼、四川裂腹鱼、岩原鲤和长薄鳅 10 种，相似度指数为：

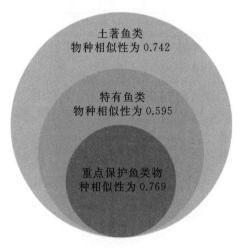

图 6.4-6 赤水河与金沙江下游鱼类物种相似性的汇总

$$D7 = \frac{E7_{支流}}{E7_{干流}} = \frac{10}{13} = 0.769$$

赤水河与金沙江下游鱼类物种相似性的汇总结果如图 6.4-6 所示。

6.4.2.3 赤水河替代适宜性评价结果

本书应用层次分析法，根据赤水河与金沙江下游栖息地的实际情况，按照九标度法构造元素与子系统间重要性比较矩阵，以此计算各层级替代适宜性指标体系中的相关权重系数。赤水河替代适宜性指标体系中不同层级权重系数计算结果见表 6.4-14。

表 6.4-14 赤水河替代适宜性指标体系中不同层级权重系数计算结果

一级指标	二级指标	权重	三级指标	权重	四级指标	权重
替代适宜性（B1）	栖息地相似性（C1）	0.500	水文相似性（D1）	0.537	日流量过程	0.308
					产卵期涨水次数	0.099
					产卵期涨水天数	0.125
					涨水持续时间	0.170
					日水位过程	0.069
					日水温过程	0.229
			水环境相似性（D2）	0.099	DO 含量	0.391
					pH 值	0.310
					P 含量	0.033
					NH_3-N 含量	0.134
					COD_{Mn} 含量	0.054
					Pb 含量	0.078
			河流地形地貌相似性（D3）	0.364	蜿蜒度	0.547
					河床比降	0.109
					U 形、V 形、W 形断面类型比例	0.344
	物种相似性（C2）	0.500	土著鱼类物种相似性（D4）	0.333		
			特有鱼类物种相似性（D5）	0.333		
			重要保护鱼类物种相似性（D6）	0.333		

赤水河替代适宜性计算结果见表 6.4-15。从表 6.4-15 中可以看出，赤水河的水文相似性得分为 0.607，水环境相似性得分为 0.849，河流地形地貌相似性得分为 0.743，土著鱼类物种相似性得分为 0.742，特有鱼类物种相似性得分为 0.595，重点保护鱼类物种相似性得分为 0.769。赤水河与金沙江下游河段在栖息地相似性方面的得分为 0.680，在物种相似性方面的得分为 0.702，处于"基本相似"等级。整体上，赤水河的替代适宜性得分为 0.691，处于"适宜"等级。

表 6.4 - 15　　　　　赤水河替代适宜性计算结果

一级指标	得分	二级指标	得分	三级指标	得分	四级指标	得分
替代适宜性（$B1$）	0.691	栖息地相似性（C1）	0.680	水文相似性（$D1$）	0.607	日流量过程	0.729
						产卵期涨水次数	0.664
						产卵期涨水天数	0.088
						涨水持续时间	0.395
						日水位过程	0.687
						日水温过程	0.833
				水环境相似性（$D2$）	0.849	DO 含量	0.963
						pH 值	0.992
						P 含量	0.542
						$NH_3 - N$ 含量	0.522
						COD_{Mn} 含量	0.445
						Pb 含量	0.621
				河流地形地貌相似性（$D3$）	0.743	蜿蜒度	0.759
						河床比降	0.712
						U 形、V 形、W 形断面类型比例	0.728
		物种相似性（C2）	0.702	土著鱼类物种相似性（$D4$）	0.742		
				特有鱼类物种相似性（$D5$）	0.595		
				重点保护鱼类物种相似性（$D6$）	0.769		

6.4.3　赤水河的保护适宜性

6.4.3.1　赤水河的连通性

赤水河是唯一一条干流没有修筑拦河大坝的一级支流，河流纵向连通的水域长度 CL 与纵向所有水域的总长度 TL 相同，因此纵向连通性指数 $D8$ 为 1。

$$D8 = \frac{CL}{TL} = 1$$

赤水河横向连通性指数由于数据缺乏，还须通过现场调查等手段，收集赤水河沿线河岸护砌情况、横向连通水域宽度等数据资料，本书暂不计算该指标值。

6.4.3.2 赤水河的生态健康性

由于赤水河水文、水质、地形和流场数据较为匮乏，加权可用栖息地面积、栖息地破碎性指数、水质达标率等指标难以计算，本书以赤水河鱼类的多样性来表征赤水河的生态健康性。

根据 Shannon-Wiener 指数 H 的计算公式，赤水河源头、上游、中游和下游各采样江段的 Shannon-Wiener 指数计算结果和相应鱼类物种生物多样性指数 $D10$ 的得分赋值见表 6.4-16。从表 6.4-16 中可以看出，赤水河源头和上游的生物多样性指数较低，中游和下游的生物多样性指数较高。整个赤水河干流的生物多样性指数 $D10$ 的平均得分为 0.501。

表 6.4-16 赤水河各采样江段的生物物种
多样性指数的得分情况

调查江段	Shannon-Wiener 指数 H	生物多样性指数 $D10$ 得分赋值
坡头镇	1.99	0.397
茅台镇	2.38	0.475
赤水镇	2.53	0.507
赤水市镇	2.72	0.543
合江县	2.92	0.583
平均	2.51	0.501

6.4.3.3 赤水河保护适宜性评价结果

从上述分析可知，赤水河本身的纵向连通性 $C3$ 得分为 1.000，生物多样性 $C4$ 得分为 0.501，河流连通性的权重系数 α_3 赋值为 0.4，生态健康性的权重系数 α_4 赋值为 0.6，赤水河的保护适宜性得分可由下式计算，得分为 0.701，处于"适宜"等级。

$$B2 = \alpha_3 C3 + \alpha_4 C4 = 0.4 \times 1.00 + 0.6 \times 0.501 = 0.701$$

6.4.4 赤水河的经济适宜性

6.4.4.1 金沙江干流水电开发直接经济效益核算

水库的发电效益可用电价与年发电量的乘积来表示。

$$V_{x2} = P_e \times Q_e$$

式中：V_{x2} 为发电的价值，元/a；P_e 为影子电价，元/（kW·h）；Q_e 为电站的年均发电量，kW·h/a。

2013 年 1 月，国家发展和改革委员会下发《国家发展改革委关于向家坝、溪洛渡水电站有关电价问题的通知》（发改价格〔2013〕121 号），明确向家坝和溪洛渡水电站作为一组电源统一核定上网电价，平均上网电价为 0.3482 元/（kW·h）（含税）。本书取 0.3482 元/（kW·h）作为金沙江干流梯级水电的年平均上网电价，乌东德、白鹤滩、溪洛渡、向家坝四座梯级水电站的设计总装机容量 38500MW，多年平均年发电量为 1753.6 亿 kW·h，则金沙江干流年总发电价值估算为 610.60 亿元，即金沙江干流水电开发直接经济效益 $MB = 610.60$ 亿元。

6.4.4.2 赤水河栖息地保护单因素经济核算

赤水河为长江上游唯一一条干流未建坝的一级支流，河流两岸植被覆盖率高，水生生物多样，是长江上游多种特有生物的重要栖息地，同时也是茅台酒等酿造业的重要水源地和生产地，具有独特的生态环境、资源优势以及栖息地保护价值。

（1）生物多样性维持价值。

1）物种丰富性。赤水河流域生物多样性特色分明，古老、特有生物繁多，丰富的动植物区系表明赤水河流域为长江上游生物多样性极高的区域之一（王忠锁 等，2007）。仅中下游 3 个国家级保护区就分布有植物 257 科 883 属，共 1700 余种。其中，水生浮游植物有 16 科 35 属，苔藓植物 41 科 60 属 67 种，蕨类植物 34 科 53 属 104 种，种子植物 165 科 735 属 1529 种。复杂多样的植被类型为该流域的动物多样性提供了支持条件。流域内有浮游动物 51 属 87 种，水生底栖动物 40 属 50 种，鱼类 17 科 72 属 112 种，两栖爬行动物 10 科 17 属 20 种，鸟类 19 科 88 属 126 种，兽类 21 科 39 属 44 种。

2）物种稀缺性。赤水河流域过渡性的栖息地特征、温润的气候条件和较少的人为干扰，也为多种珍稀生物提供了重要的避难所。据科考资料统计，全流域共有珍稀保护动植物 70 余种。其中，国家重点保护植物（Ⅰ～Ⅲ级）共有 38 种，国家Ⅰ级保护动物 5 种，Ⅱ级保护动物 27 种（刘军，2004）。上游高度隔离的水体和下游保存完好的原始森林生态系统为珍稀物种的主要分布区，具有极其重要的保护价值。

3）物种特有性和代表性。特殊的生态环境孕育了丰富的流域特有物种，为流域重要的基因库。仅有记录的 112 种鱼类中就有 15 种为流域所特有，占流域鱼类总数的 13.4%（张志英，2001）。此外，上游的洞穴生鱼类等水生生物多为流域或我国特有的物种，这决定了赤水河在生物多样性保护中不可替代的重要地位。

赤水河至今仍保持与长江的自然沟通，因而成为长江上游特有鱼类（尤其是溪流鱼类）等水生生物的重要栖息地或产卵场。流域分布的 112 种鱼类中，属长江上游特有种类的就有 28 种，占长江上游 103 种特有鱼类的 27.02%。在长江雷波段珍稀鱼类保护区遭破坏后，赤水河便成为长江上游特有鱼类保护的重要栖息地。在三峡水库建成蓄水后，因水文条件变更而受威胁的约 40 种溪流鱼类可以在赤水河找到栖息地或产卵场（曹文宣，2000）。

生物多样性作为一种自然资源，其经济价值主要表现在作为环境财产的外部价值上，而不是表现在作为产业的内部经济价值上，不存在市场交换和市场价值，属于典型的外部经济效益；另外，生物多样性的经济价值还具有公共所有性，其使用价值具有无价格和非市场价值的特性（万本太，2007）。因此，本书在进行赤水河栖息地保护经济核算时，不核算生物多样性维持的单要素货币价值。

（2）工业价值。流域内酿造业尤为发达，占工业产值的比重较大。区域内拥有贵州茅台酒股份有限公司、贵州赤天化股份有限公司两个上市公司和多家白酒生产企业，是全省重要的特色轻工食品基地和化工基地。酝酿了茅台酒、潭酒、习酒、郎酒、董酒、怀酒、泸州老窖等数 10 种蜚声中外的美酒，白酒行业直接从业人员超过 4 万人。2013 年流域内规模工业总产值为 493.3 亿元，其中白酒企业产值为 430 亿元，占流域工业总产值的 87.17%。

根据《遵义市赤水河流域"四河四带"总体规划（2014—2020 年）》，截至 2015 年，赤水河流域按照"集群化、集约化、品牌化"的要求以及《遵义市赤水河酱香白酒产业发展规划》，继续发挥茅台集团龙头企业品牌带动效应，加快推进了仁怀名酒工业园区、茅台循环经济园区、习水白酒工业园区、赤水白酒工业园区、坛厂现代经济服务园区等园区的建设，提升白酒产能，酱香白酒销量在全国白酒市场的份额提高到 5%，白酒及配套工业总产值达 700 亿元，即赤水河栖息地工业价值 $TC_1 = 700$ 亿元。

（3）航运价值。赤水河历来就是川、黔间大宗货物运输的重要水道，航运早兴，清代曾称为怀河。自清乾隆年代起经过整治滩险，小型木船可分段上行至金沙县老虎滩。新中国成立后，经两次大规模整治和设立绞滩站，赤水市以下已可全年通航 120t 机轮和 4×150t 拖轮船队，赤水至二郎镇可季节通航 10～25t 机轮，二郎镇至茅台镇白洋坪可季节通航 10t 机轮，白杨坪以下能长年和季节性通航 5～165t 机轮。据相关资料记载，2009 年赤水河流域货物运输量为 277.5 万 t，货物周转量为 86798 万 t·km，旅客发送量约为 97 万人，旅客周转量约为 841 万人·km。

根据《遵义市赤水河流域"四河四带"总体规划（2014—2020 年）》，从 2014 年开始，赤水河流域进一步推进航道整治，提高通航条件。开展了赤水河（茅台—合江）航运扩能工程、赤水河码头建设及航道升级改造、习水河航道开发、土城—茅台航道疏浚工程、桐梓县桐梓河上游（溱溪河、天门河、贯城河、南溪河段）10余 km 河道治理等一系列工程。整治航道里程 78km，其中，五级航道达 78km，六级航道达 81km，航道总里程达 249km，年货物运输量约达 400 万 t。根据市场价值法，赤水河栖息地的航运价值可表示为：

$$TC_2 = P_n L_n N_n$$

式中：TC_2 为航运价值；P_n 为单位货物航运的市场价格，取 0.06 元/(t·km)（赵同谦 等，2003）；L_n 为航道总里程，取 249km；N_n 为年航运能力，取 400 万 t/a。

则赤水河流域栖息地的航运价值为 5976 万元，即 $TC_2 = 5976$ 万元。

（4）水产品价值。赤水河至今仍保持与长江的自然沟通，是长江上游代表性鱼类（尤其是溪流鱼类）等水生生物的重要栖息地或产卵场，成为重要的水生生物基因库。流域有记录的 112 种鱼类中，属长江上游特有种类的就有 28 种（曹文宣，2000），占流域鱼类总数的 25.9%。其中有 15 种为流域或我国特有物种，如宽唇华缨鱼。另外，在三峡水库建成蓄水后，因水文条件变更而受威胁的约 40 种溪流鱼类也可以在赤水河找到其栖息地或产卵场。

对茅台镇、赤水市和合江县 3 个江段渔获物的统计和分析表明，宽鳍鱲（Zacco platypus）、中华倒刺鲃（Spinibarbus sinensis）、光泽黄颡鱼（Pel. teobagrus nitidus）、张氏（Hemicuher tchangi）和蛇鮈（Saurogobio dabryi）为赤水河流域中主要的经济鱼类。据年鉴统计，赤水河流域 2014 年的渔业收入约为 5996 万元，即赤水河栖息地水产品价值 $TC_3 = 5996$ 万元。

（5）文化旅游价值。赤水河地处贵州高原向四川盆地过渡带，这里地貌奇特、百川竞流、物种繁多，红军"四渡赤水"留下了宝贵的历史文物，自然与人文景观丰富，是著名的旅游胜地，拥有多个国家级自然保护区、风景名胜区。其中"赤水丹霞"成功列入世界自然遗产名录，其原始、自然的绚丽景观被中外专家誉为中国最佳绿色生态旅游景区。随着流域内基础设施和配套条件的不断改善，旅游业规模不断壮大，正在逐渐成为流域内重要产业之一。仁怀市 2008 年共接待游客 61.26 万人次，赤水市 2010 年接待游客 175.66 万人次。

根据《遵义市赤水河流域"四河四带"总体规划（2014—2020年）》，2014 年开始，流域以仁怀、赤水和习水三市（县）为依托，围绕特色资源按照连点成线、连线成面的旅游发展要求，提升打造精品旅游景区景点，加快发展生态观光、文化探究、休闲度假、康体养生等复合旅游类型，着力打造提升赤水河沿岸、仁赤高速公路沿线"四在农家"的升级版乡村旅游，加强旅游服务设施建设。

截至 2015 年，流域内旅游产业产值达 300 亿元，即赤水河栖息地文化旅游价值 $TC_4 = 300$ 亿元。

（6）赤水河干流水电开发机会成本损失分析。赤水河干流水电资源的可开发容量为 74.4 万 kW，相当于三峡水电站一台机组的容量（70 万 kW）（黄真理，2003）。2014 年底全国水电设备平均利用小时为 3653h，其中贵州省为 3494h（中国电力企业联合会，2015），则赤水河干流水电资源开发每年可获得电量为 26 亿 kW·h。

根据《国家发展改革委关于调整南方电网电价的通知》（发改价格〔2011〕2618 号）和《贵州省物价局关于调整贵州电网上网电价和销售电价的通知》（黔价格〔2011〕217 号）等文件规定，贵州省平均上网电价约为 0.296 元/（kW·h）（含税）。赤水河干流年总发电价值估算为 7.696 亿元，即赤水河干流水电开发机会成本损失 $TC_5 = 7.696$ 亿元。

（7）赤水河作为栖息地保护的经济适宜性。根据本书提出的栖息地保护综合经济核算模型，以及上述对单要素经济价值的核算，赤水河栖息地保护经济价值可表示为：

$$K = \frac{MB}{TC}$$
$$= \frac{MB}{\sum_{i=1}^{5} TC_i}$$
$$= \frac{MB}{(TC_1 + TC_2 + TC_3 + TC_4) - TC_5}$$
$$= \frac{610.6（亿元）}{700 + 0.5976 + 0.5996 + 300 - 7.696（亿元）}$$
$$= \frac{610.6（亿元）}{993.5012（亿元）}$$
$$= 0.61$$

根据核算结果，金沙江干流水电开发的直接发电收益为 610.6 亿元，综合赤水河河流栖息地保护单要素经济价值后的生态净价值为 993.5012 亿元（未考虑生物多样性的货币价值），为干流直接发电收益的 1.63 倍。干流水电开发的直接发电收益小于河流栖息地保护价值，因此，赤水河河流栖息地保护具有适宜性和生态价值。

6.4.5　赤水河作为金沙江下游河段栖息地保护的适宜性

　　从上面的分析结果可以看出，赤水河在替代适宜性方面的得分为 0.675，处于"适宜"等级；在保护适宜性方面的得分为 0.701，也处于"适宜"等级；在经济适宜性方面，赤水河干流开发的直接发电效益小于河流栖息地保护的价值，在经济上也具有适宜性和较强的生态价值。因此，整体而言，赤水河作为金下河段栖息地保护的适宜性总体评价为"适宜"。

　　本书中的研究结论与《长江上游珍稀、特有鱼类国家级自然保护区总体规划报告》《金沙江一期工程对长江合江—雷波段珍稀鱼类国家级自然保护区的影响及替代方案研究报告》中提出的"将赤水河纳入保护区，作为保护区江段调整的替代方案"这一结论相吻合，表明本书提出的河流栖息地保护的适宜性评价技术能够在一定程度上反映客观事实。

第7章 结论与展望

拦河筑坝、修建水电工程，是人类开发利用河流的主要方式。水电工程给人类带来巨大社会和经济效益的同时，也会对河流生态环境造成一定程度的不利影响。如何充分发挥水电工程防洪、发电、供水、灌溉、航运等兴利功能的同时，尽可能地减缓对河流生态环境的影响，是当前水电开发和生态环保领域关注的热点问题。近10年来，水电工程也在积极实践河流生态保护工作，采取了生态流量泄放措施、下泄低温水减缓措施、栖息地保护措施、过鱼措施、鱼类增殖放流措施和陆生生态保护措施等诸多生态环保措施来改善河流生态环境。但是，迄今为止，水电工程对河流生态环境影响的科学认知还不够深入，如何协调工程建设、运行和生态环境保护的关系还缺乏足够的科学理论与技术支持。我国近年来大力推行河流生态保护与修复工作，但是很多具体修复实践是以生态环境问题为导向，以专项修复工程为推动，缺乏规划层面的顶层设计，继而导致修复目标单一、修复实践盲目、修复工作不成体系等问题。本书首先从顶层设计角度，阐述了河流栖息地保护与修复的一些规划设计理念和关键技术流程，然后从实践操作角度，阐述了修复工作开展前期的河流栖息地特性调查与模拟分析方法，以及水电开发中替代保护栖息地的选择评估方法。

7.1 主要研究成果

（1）本书介绍了河流连续体概念及河流四维特征，梳理了水电开发对河流水文、水动力条件、水温分布、水质、阻隔鱼类洄游通道、导致栖息地破碎化等方面的影响，分析了河流干流、支流的关系，以及河流保护与开发的矛盾，为河流栖息地保护与修复的理论和实践案例介绍提供一些基础概念。

（2）本书通过文献梳理与分析，提出了"生态现状评价与胁迫因子识别—生态修复基点和修复目标确定—生态修复规划制定—生态修复措施实施—修复后适宜性管理与技术推广"这一流程式的河流生态修复顶层设计思路，并通过适应性管理调整前述相应流程，形成良性循环的负反馈调节机制，逐步缩小生态现状与健康自然状态的差距。结合国内外研究成果和实践经验，详细阐述了顶层设计过程中的关键技术流程，提出了生态现状评价与胁迫因子识别的技术路线，生态修复基点和修复目标的确定方法，不同阶段生态修复规划的要点，不同阶段生态修复的适用措施，生态修复的适应性管理构架以及"产—学—研"协同创新和先行先试的推广导向建议。

（3）本书介绍了河流栖息地调查的常规内容和方法，包括水文调查、水质调查、河流地形流场调查、生物调查等方面，在此基础上分析了栖息地调查方法的尺度和应用局限性。为了克服这些局限性，可借助一些现代数学模型和模拟方法，如大尺度准三维模拟方法和局部三维精细模拟方法。本书介绍的河流栖息地常规调查方法和数值模拟方法可为河流修复工作的前期科学调查和修复方案的情景模拟提供技术支持。

（4）本书从流域生态系统角度出发，凝练了河流栖息地保护的内涵和目标，从影响鱼类生存繁殖的直接因子和间接因子出发，系统梳理了栖息地保护的环境要素，在此基础上构建了河流栖息地保护的适宜性评价指标体系，应用相似系统论提出了基于模糊相似理论的河流栖息地相似性分析方法，形成了一套针对水电开发中河流栖息地保护筛选和择优的关键评价技术，以期为干支流协调发展中保护河流的综合比选、保护效果预估、保护优先级排序等生态环保工作提供理论基础和技术支持。

（5）本书介绍了3个鱼类栖息地保护的实际案例。第1个案例是应用河流栖息地特性调查方法，实测分析了四大家鱼宜都产卵场在生态调度期间的水动力特性；第2个案例是应用河流栖息地模拟分析方法，构建了中华鲟葛洲坝坝下产卵场的三维精细模型，分析了产卵场各功能分区的水动力特性；第 3 个案例是应用河流栖息地保护适宜性评价方法，评价了长江上游一级支流赤水河作为金沙江干流水电开发的保护栖息地的适宜性。书中的案例为水利工程工作者在河流栖息地调查、河流栖息地数值模拟分析、河流栖息地保护适宜性评价等方面提供了参考。

7.2 展　　望

本书紧密围绕目前我国筑坝河流生态修复与保护工作中的热点问题，尤其是生态修复的顶层设计、修复方案的情景模拟、干支流的协调开发与保护等，结合笔者多年工作经验，系统梳理和归纳总结了筑坝河流栖息地保护与修复的理论和实践案例。但是限于水电工程生态影响的复杂性，在生态修复机理和修复实践技术等方面还有很多问题值得进一步深入探讨。

（1）本书提出了流域尺度的河流栖息地保护评价方法，但鱼类生长繁殖的关键环境因子尚未完全明晰，极大地制约了河流栖息地适宜性评估、栖息地保护与修复等研究的开展。在未来的研究中，迫切需要开展鱼类生长繁殖相关试验和机理研究，结合鱼类生长繁殖的关键环境因子，开展多尺度（如流域尺度、栖息地尺度、河段单元尺度）的河流栖息地保护研究。

（2）本书侧重从规划和评价的角度，开展河流栖息地保护的相关研究。然而，实施河流栖息地保护，还需要大量工程技术的支持。因此，在未来研究中，需要进一步加强河流栖息地修复、再造等工程技术措施的研究。

（3）目前，我国已建立较为完备的水文、气象监测网络，2010—2015 年也基本建立了覆盖全国主要水体的水质监测网络，重要水功能区监测覆盖率达到 80% 以上。但是与河流生态修复息息相关的生态监测体系仍未形成监测网络，鱼类、藻类、底栖动物、栖息地地形流场等数据的监测多依赖于科研性质的短期测量，远未

实现常规监测目标。在未来工作中迫切需要建设常规的生态监测网络，开展长期生态监测工作，掌握河流修复后的动态演变过程。

（4）目前我国在河流生态修复方面采取了很多生态环保措施，例如分层取水措施、生态调度措施、生态河岸带建设等，但是这些措施的效果缺乏科学评估，有些措施甚至在效果并不清楚时就大规模地推广应用，从而造成大量资金浪费与重复建设，甚至重复犯错。因此，在未来工作中迫切需要建立河流生态修复的效果评价体系，科学评价各类生态环保措施的效果。

（5）目前我国河流生态修复工作普遍缺乏适宜性管理，很多修复工程验收完工后常因为管理不善而荒废。未来应加强建立河流生态修复的负反馈与修正机制，不断地吸取经验教训，改进和完善河流生态修复措施和管理机制，实现河流生态修复的长效久治。

参 考 文 献

陈大庆，2014. 河流水生生物调查指南 [M]. 北京：科学出版社.

曹红军，2006. 建设项目环境影响经济损益分析研究 [J]. 电力环境保护，22 (2)：45-47.

曹文宣，2000. 长江上游特有鱼类自然保护区的建设及相关问题的思考 [J]. 长江流域资源与环境，9 (2)：131-132.

程根伟，陈桂蓉，1996. 长江上游洪涝灾害分析及防灾减灾措施 [J]. 长江流域资源与环境，(1)：74-79.

陈永柏，廖文根，彭期冬，等，2009. 四大家鱼产卵水文水动力特性研究综述 [J]. 生态学杂志，2 (2)：130-133.

陈求稳，2010. 河流生态水力学——坝下河道生态效应与水库生态友好调度 [M]. 北京：科学出版社.

陈启慧，2005. 美国两条河流生态径流试验研究 [J]. 水利水电快报，(15)：23-24.

陈进，李清清，2015. 三峡水库试验性运行期生态调度效果评价 [J]. 长江科学院院报，32 (4)：1-6.

陈凯麒，常仲农，曹晓红，等，2012. 我国鱼道的建设现状与展望 [J]. 水利学报，43 (2)：182-188.

崔国韬，左其亭，2011. 生态调度研究现状与展望 [J]. 南水北调与水利科技，9 (6)：90-97.

曹庆磊，杨文俊，周良景，2010. 国内外过鱼设施研究综述 [J]. 长江科学院院报，27 (5)：39-43.

常剑波，黄真理，曹文宣，1998. 葛洲坝工程救鱼问题的争论与启示 [C] // 21 世纪长江大型水利工程中的生态与环境保护. 北京：中国环境科学出版社，186-198.

常剑波，曹文宣，1999. 中华鲟物种保护的历史与前景 [J]. 水生生物学报 (6)：712-720.

单婕，顾洪宾，薛联芳，2016. 鱼类增殖放流站运行管理若干问题探讨 [J].

水力发电，42（12）：10-12.

陈兴茹，2011. 国内外河流生态修复相关研究进展 [J]. 水生态学杂志，32
（5）：122-128.

陈兴茹，许凤冉，2011. 城市河流水质原位净化技术综述 [J]. 水利水电技
术，42（7）：19.

邓云，李嘉，李然，等，2006. 水库调度对溪洛渡电站下游水温的影响 [J].
四川大学学报，38（5）：65-69.

丁则平，2002. 国际生态环境保护和恢复的发展动态 [J]. 海河水利，3：
64-66.

段青，赵建国，罗珂，2008. 基于形状相似的日负荷曲线多重聚类分析及其
应用 [J]. 电气应用，27（20）：53-56.

董晓莉，顾成奎，王正欧，2007. 基于形态的时间序列相似性度量研究 [J].
电子与信息学报，29（5）：1228-1231.

董哲仁，2003. 生态水工学的理论框架 [J]. 水利学报，（1）：1-6.

董哲仁，孙东亚，彭静，2009. 河流生态修复理论技术及其应用 [J]. 水利水
电技术，40（1）：4-9.

董哲仁，2003. 河流形态多样性与生物群落多样性 [J]. 水利学报，（11）：
1-6.

董哲仁．2004. 美国基西米河生态恢复工程的启示 [J]. 水利水电技术，35
（9）：8-12.

董哲仁，2006. 河流廊道及其生态修复 [J]. 水利学报，37（12）：
1476-1481.

董哲仁，孙东亚，赵进勇，等，2014. 生态水工学进展与展望 [J]. 水利学报，
45（12）：1419-1426.

董哲仁，孙东亚，等，2007. 生态水利工程原理与技术 [M]. 北京：中国水利
水电出版社.

邓景耀，1995. 我国渔业资源增殖业的发展和问题 [J]. 海洋科学，（4）：
21-24.

鄂竟平，2005. 国家防总在2005年珠江压咸补淡应急调水工作总结会议上的
讲话 [J]. 人民珠江，（4）：1-3.

方子云，2005. 中美水库水资源调度策略的研究和进展 [J]. 水利水电科技进
展，25（1）：1-5.

高婷，2013. 水电开发中支流生境替代保护评价理论与方法研究 [D]. 北京：

中国水利水电科学研究院.

国家水电可持续发展研究中心，2018. 全球水电行业年度发展报告 2017 [M]. 北京：中国水利水电出版社.

郭迎春，于明，2011. 基于子带相似性分析的 JPEG2000 图像无参考质量评价 [J]. 电子与信息学报，33（6）：1496-1500.

韩德举，胡菊香，高少波，等，2005. 三峡水库 135m 蓄水过程坝前水域浮游生物变化的研究 [J]. 水利渔业，25（5）：55-58.

韩玉玲，夏继红，陈永明，等，2012. 河流生态建设——河流健康诊断技术 [M]. 北京：中国水利水电出版社.

韩玉玲，岳春雷，叶碎高，等，2009. 河道生态建设——植物措施应用技术 [M]. 北京：中国水利水电出版社.

何大仁，蔡厚才. 1998. 鱼类行为学 [M]. 厦门：厦门大学出版社.

黄钰铃，王从锋，刘德富，2007. 水库建设与生态系统和谐 [J]. 节水灌溉，(8)：63-66.

黄亮，2006. 水工程建设对长江流域鱼类生物多样性的影响及其对策 [J]. 湖泊科学，18（5）：553-556.

黄真理，2003. 论赤水河流域资源环境的开发与保护 [J]. 长江流域资源与环境，(4)：332-339.

黄伦超，许光祥，等，2008. 水工与河工模型试验 [M]. 郑州：黄河水利出版社.

黄宇腾，侯芳，周勤，等，2013. 一种面向需求侧管理的用户负荷形态组合分析方法 [J]. 电力系统保护与控制，41（33）：20-25.

蒋固政，余秋梅，1999. 水库工程对水生生物的影响及评价方法 [J]. 水利渔业，19（2）：39-41.

蒋固政，2002. 葛洲坝工程救鱼问题及三峡工程水生生物保护 [C] //葛洲坝水利枢纽论文选集. 郑州：黄河水利出版社.

李金昌，姜文来，靳乐山，等，1999. 生态价值论 [M]. 重庆：重庆大学出版社.

李翀，彭静，廖文根，2006. 长江中游四大家鱼发江的生态水文因子分析及生态水文目标确定 [J]. 中国水利水电科学研究院学报，4（3）：170-176.

李建，夏自强，王元坤，等，2010. 长江中游四大家鱼产卵场河段形态与水流特性研究 [J]. 四川大学学报（工程科学版），42（4）：63-69.

李士进，朱跃龙，张晓花，等，2009. 基于 BORDA 计数法的多元水文时间

序列相似性分析 [J]. 水利学报, 40 (3)：378 - 384.

李安峰, 徐文江, 潘涛, 等, 2014. 公园人工湖水质改善工程 [J]. 中国给水排水, (14)：90 - 92.

刘军, 2004. 长江上游特有鱼类受威胁及优先保护顺序的定量分析 [J]. 中国环境科学, 24 (4)：395 - 399.

鲁春霞, 谢高地, 成升魁, 等, 2003. 水利工程对河流生态系统服务功能的影响评价方法初探 [J]. 应用生态学报, 14 (5)：803 - 807.

陆彦, 冯文波, 2003. 判断投标报价是否低于成本的方法研究 [J]. 建筑管理现代化, 3：37 - 39.

刘明典, 杨青瑞, 李志华, 等, 2007. 沅水浮游植物群落结构特征 [J]. 淡水越野, (3)：70 - 75.

刘建康, 2000. 高级水生生物学 [M]. 北京：科学出版社.

刘强, 黄薇, 2007. 水利工程建设对洞庭湖及鄱阳湖湿地的影响 [J]. 长江科学院院报, 24 (6)：30 - 33.

刘树坤, 2002. 刘树坤访日报告：河流整治与生态修复（五）[J]. 海河水利, (5)：64 - 66.

刘树坤, 2002. 刘树坤访日报告：大坝中的生态修复（六）[J]. 海河水利, (6)：62 - 65.

刘树坤, 2003. 刘树坤访日报告：水力发电站建设中的生态修复（七）[J]. 海河水利, (1)：63 - 66.

廖文根, 李翀, 冯顺新, 等, 2013. 筑坝河流的生态效应与调度补偿 [M]. 北京：中国水利水电出版社.

骆辉煌, 李倩, 李翀, 2012. 金沙江下游梯级开发对长江上游保护区鱼类繁殖的水温影响 [J]. 中国水利水电科学研究院学报, 10 (4)：256 - 266.

罗刚, 张振东, 2014. 全国水生生物增殖放流发展现状 [J]. 中国水产, (12)：37 - 39.

练继建, 胡明罡, 刘媛媛, 2004. 多沙河流水库水沙联调多目标规划研究 [J]. 水力发电学报, 23 (2)：12 - 16.

孟伟, 张远, 渠晓东, 等, 2011. 河流生态调查技术 [M]. 北京：科学出版社.

马中, 1999. 环境与资源经济学概论 [M]. 北京：高等教育出版社.

毛显强, 张胜, 2004. 建设项目环境影响评价中的经济分析研究 [J]. 环境保护, 8：30 - 32, 39.

梅象信，徐正会，张继玲，等，2006. 昆明西山森林公园东坡蚂蚁物种多样性研究 [J]. 林业科学研究，19（2）：170-176.

莫创荣，孙艳军，高长波，等，2006. 生态价值评估方法在水电开发环境评价中的应用研究 [J]. 水资源保护，22（5）：18-21.

倪晋仁，刘元元，2006. 论河流生态修复 [J]. 水利学报，37（9）：1029-1037.

倪晋仁，崔树彬，李天宏，等，2002. 论河流生态环境需水 [J]. 水利学报，（9）：14-19.

欧阳志云，王如松，2000. 生态系统服务功能、生态价值与可持续发展 [J]. 世界科技研究与发展，20（5）：45-50.

欧阳志云，赵同谦，王效科，等，2004. 水生态服务功能分析及其间接价值评价 [J]. 生态学报，24（10）：2091-2099.

彭期冬，2011. 三峡工程对四大家鱼自然繁殖条件影响研究 [D]. 北京：中国水利水电科学研究院.

彭期冬，廖文根，李翀，等，2012. 三峡工程蓄水以来对长江中游四大家鱼自然繁殖影响研究 [J]. 四川大学学报（工程科学版），44（supp2）：228-232.

乔晔，廖鸿志，蔡玉鹏，等，2014. 大型水库生态调度实践及展望 [J]. 人民长江，45（15）：23-24.

钱正英，陈家琦，冯杰，2006. 人与河流和谐发展 [J]. 河海大学学报（自然科学版），34（1）：1-5.

戚晓明，陆桂华，吴志勇，等，2007. 水文相似度及其应用 [J]. 水利学报，38（3）：355-360.

芮建良，施家月，2013. 河流生态修复技术在水利水电工程鱼类保护中的应用——以基独河生态修复为例 [C]. 水利水电工程生态保护（河流连通性恢复）国际研讨会.

尚玉昌，2002. 普通生态学 [M]. 北京：北京大学出版社.

沈冰，黄红虎，2008. 水文学原理 [M]. 北京：中国水利水电出版社.

石丽，吐尔逊·哈斯木，韩桂红，2008. 塔里木河下游生态输水的背景、效益和存在的问题 [J]. 水土保持通报，8（1）：176-180.

孙波，2008. 从珠江"压咸补淡"到"水量统一调度"的变化与思考 [J]. 人民珠江，（5）：5-7.

孙东亚，董哲仁，许明华，等，2006. 河流生态修复技术和实践 [J]. 水利水

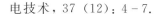

电技术，37（12）：4－7．

唐会元，葛奕，1996. 丹江口水库漂流性鱼卵的下沉速度与损失率初探［J］．水利渔业，（4）：25－27．

唐玉斌，郝永胜，陆柱，等，2003. 景观水体的生物激活剂修复［J］．城市环境与城市生态，（4）：37－39．

田伟君，郝芳华，王超，等，2006. 太湖典型入湖河道中氨氮去除研究［J］．生态环境学报，15（6）：1138－1141．

田敏，朱建强，陶玲，2015. 藕塘异位净化鱼塘水环境试验研究［J］．灌溉排水学报，34（1）：39－43．

谭红武，李国强，杜强，等，2007. 水利水电工程生态调度的实现、问题与发展趋势调研报告［R］．北京：国家水电可持续发展研究中心．

万本太，徐海根，丁晖，等，2007. 生物多样性综合评价方法研究［J］．生物多样性，15（1）：97－106．

王颖，臧林，张仙娥，2003. 河道水温模型及糯扎渡水库下游河道水温预测［J］．西安理工大学学报，19（3）：235－239．

王浩，宿政，谢新民，等，2010. 流域生态调度理论与实践［M］．北京：中国水利水电出版社．

王达，荣冈，2004. 时间序列的模式距离［J］．浙江大学学报（工学版），38（7）：795－798．

王海潮，董增川，梁忠民，等，2006. 暴雨洪水相似性分析指标体系研究［J］．水文，36（2）：13－17．

王成友，2012. 长江中华鲟生殖洄游和栖息地选择［D］．武汉：华中农业大学．

王伟，2015. 金沙江观音岩水库增殖放流效果监测技术与评价体系研究［D］．武汉：华中农业大学．

王小齐，陈征雄，刘继平，2009. 石岩河人工湿地二期工程工艺调试及运行［J］．四川环境，28（3）：100－104．

王庆国，李嘉，李克锋，等，2009. 减水河段水力生态修复措施的改善效果分析［J］．水利学报，40（6）：756－761．

王薇，李传奇，2003. 河流廊道与生态修复［J］．水利水电技术，34（9）：56－58．

王文君，黄道明，2012. 国内外河流生态修复研究进展［J］．水生态学杂志，33（4）：142－146．

王曙光，栾兆坤，宫小燕，等，2001. CEPT 技术处理污染河水的研究 [J]. 中国给水排水，17 (4)：16 - 18.

吴振斌，邱东茹，贺锋，等，2001. 水生植物对富营养水体水质净化作用研究 [J]. 植物科学学报，19 (4)：299 - 303.

危起伟，2005. 葛洲坝截流 24 年来中华鲟产卵群体结构的变化 [J]. 中国水产科学，12 (4)：452 - 457.

危起伟，2003. 中华鲟繁殖行为生态学与资源评估 [D]. 武汉：中国科学院水生生物研究所.

危起伟，2003. 长江中华鲟繁殖行为生态学与资源评估 [D]. 武汉：中国科学院水生生物研究所.

危起伟，杨德国，吴湘香，2005. 世界鱼类资源增殖放流概况 [C] //2005 水电水力建设项目环境与水生生态保护技术政策研讨会.

夏继红，严忠民，2008. 生态河岸带综合评价理论与修复技术 [M]. 北京：中国水利水电出版社.

夏军，高扬，左其亭，等，2012. 河湖水系连通特征及其利弊 [J]. 地理科学进展，31 (1)：26 - 31.

徐杨，常福宣，陈进，等，2008. 水库生态调度研究综述 [J]. 长江科学院院报，25 (6)：33 - 37.

熊萍，陈伟琪，2004. 机会成本法在自然环境与资源管理决策中的应用 [J]. 厦门大学学报（自然科学版），(S1)：201 - 204.

谢敏，2007. 针对河流水华现象的生态调度研究 [D]. 南京：河海大学.

谢海文，沈乐. 2009. 河流曝气技术简介 [J]. 水文，29 (3)：59 - 62.

徐国宾，张金良，练继建，2005. 黄河调水调沙对下游河道的影响分析 [J]. 水科学进展，16 (4)：518 - 523.

徐海龙，2015. 渔业增殖放流及开发策略优化 [D]. 上海：上海海洋大学.

徐菲，王永刚，张楠，等，2014. 河流生态修复相关研究进展 [J]. 生态环境学报，23 (3)：515 - 520.

杨意明，黄树江，1999. 松江引水工程坝下脱水段的工程影响评价与处理 [J]. 水力发电，5：34 - 35.

杨宇，严忠民，乔晔，2007. 河流鱼类栖息地水力学条件表征与评述 [J]. 河海大学学报（自然科学版），34 (2)：4 - 8.

杨小庆，2004. 美国拆坝情况简析 [J]. 中国水利，(13)：15 - 20.

杨宇，2007. 中华鲟葛洲坝栖息地水力特性研究 [D]. 南京：河海大学.

杨华，2007. 怀柔区河流生态治理的实践 [J]. 中国水土保持，(9)：51－52.

杨启红，王家生，李凌云，等，2017. 山区河流修复中生态地貌设计与实践 [J]. 人民长江，48 (S1)：68－72.

杨君兴，潘晓赋，陈小勇，等，2013. 中国淡水鱼类人工增殖放流现状 [J]. 动物学研究，34 (4)：267－280.

易伯鲁，余志堂，梁志燊，1988. 葛洲坝水利枢纽与长江四大家鱼 [M]. 武汉：湖北科学技术出版社.

易雨君，2008. 长江水沙环境变化对鱼类的影响及栖息地数值模拟 [D]. 北京：清华大学.

殷名称，1993. 鱼类生态学 [M]. 北京：中国农业出版社，1993.

余志堂，邓中燧，许蕴轩，等，1981. 丹江口水利枢纽兴建后的汉江鱼类资源 [C] //中国水产学会鱼类学论文集（第一辑）. 北京：科学出版社.

余志堂，1988. 大型水利枢纽对长江鱼类资源影响的初步评价（一）[J]. 水利渔业，(2)：38－41.

余国安，王兆印，张康，等，2008. 人工阶梯—深潭改善下切河流水生栖息地及生态的作用 [J]. 水利学报，39 (2)：162－167.

于帅，毕乃双，王厚杰，等，2015. 黄河调水调沙影响下河口入海泥沙扩散及沉积效应 [J]. 海洋湖沼通报，(2)：155－162.

赵同谦，欧阳志云，王效科，等，2003. 中国陆地地表水生态系统服务功能及其生态经济价值评价 [J]. 自然资源学报，(4)：443－452.

赵同谦，欧阳志云，郑华，等，2006. 水电开发的生态环境影响经济损益分析 [J]. 生态学报，26 (9)：2979－2988.

赵文，2005. 水生生物学 [M]. 北京：中国农业出版社.

赵安平，刘跃文，陈俊卿，2008. 黄河调水调沙对河口形态影响的研究 [J]. 人民黄河，(8)：28－29，104.

章宗涉，黄祥飞，1995. 淡水浮游生物研究方法 [M]. 北京：科学出版社.

郑守仁，2007. 我国水能资源开发利用的机遇与挑战 [J]. 水利学报，增刊：1－6.

张少雄，高学平，张晨，2009. 糯扎渡水库流场及水电站下泄水温三维数值模拟 [J]. 水力学与水利信息学进展.

张建业，潘泉，张鹏，等，2007. 基于斜率表示的时间序列相似性度量方法 [J]. 模式识别与人工智能，20 (2)：271－274.

张武昌，2000. 浮游动物的昼夜垂直迁移 [J]. 海洋科学，24 (11)：18－21.

张鹏，李学仁，张建业，等，2008. 时间序列的夹角距离及相似性搜索 [J].
　　模式识别与人工智能，21 (6)：763-767.

张雄，刘飞，林鹏程，等，2014. 金沙江下游鱼类栖息地评估和保护优先级研
　　究 [J]. 长江流域资源与环境，23 (4)：496-503.

张志英，袁野，2001. 溪洛渡水利工程对长江上游珍稀特有鱼类的影响探讨
　　[J]. 淡水渔业，31 (2)：62-63.

章四兵，周美立，2004. 系统相似性度量中的非平权距离系数法 [J]. 合肥工
　　业大学学报 (自然科学版)，27 (8)：903-906.

邹淑珍，2011. 赣江中游大型水利工程对鱼类及其生态环境的影响研究 [D].
　　南昌：南昌大学.

周春生，梁秩燊，黄鹤年，1980. 兴修水利枢纽后汉江产漂流性卵鱼类的繁殖
　　生态 [J]. 水生生物学报，7 (2)：175-188.

周广杰，况琪军，胡征宇，等，2006. 香溪河库湾浮游藻类种类演替及水华发
　　生趋势分析 [J]. 水生生物学报，30 (1)：42-46.

周美立，1994. 相似系统论 [M]. 北京：科学技术文献出版社.

周美立，1993. 相似学 [M]. 北京：中国科学技术出版社.

周宗敏，2009. 水电工程生态环境影响的模糊综合评价 [J]. 水电站设计，
　　02：107-110，116.

朱来友，罗传彬，2009. 江西省河湖低水位影响分析与对策 [J]. 中国防汛抗
　　旱，3：26-28.

翟丽妮，梅亚东，李娜，等，2007. 水库生态与环境调度研究综述 [J]. 人民
　　长江，(8)：56-57.

周银军，刘春锋，2009. 黄河调水调沙研究进展 [J]. 河海水利，(6)：54-57.

GB 50179—1993 河流流量测验规范 [S].

GB 13195—91 水质　水温的测定 [S].

SL 337—2006 声学多普勒流量测验规范 [S].

B. U. 魏什涅夫斯基，1994. 关于德涅斯特罗夫水库利用调度进行自然保护的
　　问题 [J]. 水利水电快报，(14)：7-11.

Bowden W B, 1999. Roles of bryophytes in stream ecosystems [J]. Journal
　　of the North American Benthological Society，18：151-184.

Bernhardt E S, Palmer M A, Allan J D, et al, 2005. Synthesizing US river
　　restoration efforts [J]. Science，308：636-637.

Barbour M T, Gerritsen J, Snyder B D, et al, 1999. Rapid bioassessment protocols for use in streams and wadeable rivers: periphyton, benthic mac-roinvertebrates and fish [M]. 2nd ed. Washington DC: U. S. Environment Protection Agency.

Binder W, Gottle A, Duan S, 2015. Ecological restoration of small water courses, experiences from Germany and from projects in Beijing [J]. International Soil & Water Conservation Research, 3 (2): 141 – 153.

Bohn B A, Kershner J L, 2002. Establishing aquatic restoration priorities using a watershed approach [J]. Journal of Environmental Management, 64 (4): 355 – 363.

Brookes A, Shields F D, 1997. River Channel Restoration: Guiding Principles for Sustainable Projects [J]. Geographical Journal, 163 (3): 311 – 312.

Bestgen K R, Zelasko K A, Compton R, et al, 2006. Response of the Green River fish community to changes in flow and temperature regimes from Flaming Gorge Dam since 1996 basde on sampling conducted from 2002 to 2004 [R]. [s. l.]: Upper colorado Endangered Fish Recovery Program.

Crowder D W, Diplas P, 2000. Evaluating spatially explicit metrics of stream energy gradients using hydrodynamic model simulations [J]. Canadian Journal of Fisheries and Aquatic Sciences, 57 (7): 1497 – 1507.

Clark S J, Bruce – Burgess L, 2003. Linking form and function: towards an eco – hydromorphic approach to sustainable river restoration [J]. Aquatic Conservation Marine and Freshwater Ecosystems, 13 (5): 439 – 450.

Davies K F, Margules C R, 1998. Effects of habitat fragmentation on carabid beetles: experimental evidence [J]. Journal of Animal Ecology, 67 (3): 460 – 471.

Debinski D M, Holt R D, 2000. A survey and overview of habitat fragmentation experiments [J]. Conservation Biology, 14 (2): 342 – 355.

Dahm C N, Cummins K W, Maurice V H, et al, 2010. An Ecosystem View of The Restoration of The Kissimmee River [J]. Restoration Ecology, 3 (3): 225 – 238.

Fahrig L, 2003. Effects of habitat fragmentation on biodiversity [J]. Annual review of ecology, evolution, and systematic, 34: 487 – 515.

Federal E R C, 1995. Relicensing the Ayers Island hydroelectric project in the

Pemig - ewasset/Merrimack River Basin [R]. Washington DC: Federal Energy Regulatory Commission.

Growns I O, Davis, J A, 1994. Longitudinal change in near - bed flows and macroinvertebrate communities in a western Australian stream [J]. Journal of the North America Benthological Society, 13: 417 - 438.

Hauer F R, Lamberti G A, 2007. Methods in Stream Ecology [M]. 2nd ed. London: Academic Press Limited.

Hoffmann C C, Pedersen M L, Kronvang B, et al, 1998. Restoration of the Rivers Brede, Cole and Skerne [J]. Aquatic Conservation, 8 (1): 223 -240.

Higgins J M, Brock W G, 1999. Overview of reservoir release improvements at 20 TVA dams [J]. Journal of energy engineering, 125 (1): 1 - 17.

Horvath T G, 2004. Retention of particulate matter bymacrophytes in a first - order stream [J] . Aquatic Botany, 78: 27 - 36.

Holmes N T H, Nielsen M B, 2010. Restoration of the rivers Brede, Cole and Skerne: a joint Danish and British EU - LIFE demonstration project, I—Setting up and delivery of the project [J]. Aquatic Conservation Marine & Freshwater Ecosystems, 8 (1): 209 - 222.

Hobbs R J, Harris J A, 2001. Restoration ecology: repairing the Earth's ecosystems in the new millennium [J]. Restoration Ecology, 9 (2): 239 -246.

Jenkins, K M, Boulton, A J, 2003. Connectivity in a dryland river: short - term aquatic microinvertebrate recruitment following floodplain inundation [J]. Ecology, 184 (10): 2708 - 2723.

James A, Evison L, 1979. Biological indicators of water quality [M]. Chichester, Great Britain: John Wiley & Sons.

Jacobson R B, Galat D L, 2008. Design of a naturalized flow regime - an example from the Lower Missouri River [J], USA. Ecohydrology, 1 (2): 81 - 104.

Katsumiseki, Koji Takazawa, 1993. Project for Creation of River Rich in Nature - toward a Richer Natural Environment in Towns and on Watersides [J]. Journal of Hydroscience and Hydraulic Engineering (Special Issues), (1 - 4): 86 - 87.

King，A J，Ward，K A，O，Connorp，et al. ，2010. Adaptive management of an environmental watering event to enhance native fish spawning and recruitment [J]. Freshwater Biology，55 (1)：17 – 31.

Kondolf G M，2000. Some suggested guidelines for geomorphic aspects of anadromous salmonid habitat restoration proposals [J]. Restoration Ecology，8 (1)：48 – 56.

Lamouroux N，Olivier J M，Persat H，et al. ，1999. Predicting community characteristics from habitat conditions：fluvial fish and hydraulics [J]. Freshwater Biology，42 (2)：275 – 299.

Ligon F，Dietrich W，Trush W，1995. Downstream ecological effects of dams [J]. Bioscience，45：183 – 192.

Liao I，Su M S，Leaño E M，2003. Status of research in stock enhancement and sea ranching [J]. Reviews in Fish Biology &. Fisheries，13 (2)：151 –163.

Leber K M，2004. Marine stock enhancement in the USA：Status，trends and needs [J]. Stock Enhancement and Sea Ranching：Developments，Pitfalls and Opportunities，Second Edition，11 – 24.

Lake P S，2001. On the maturing of restoration：linking ecological research and restoration [J]. Ecological Management and Restoration，2 (2)：110 –115.

Moir H J，Soulsb Y C，Youngson A，1998. Hydraulic and sedimentary characteristics of habitat utilized by Atlantic salmon for spawning in the Girnock Burn，Scotland [J]. Fisheries Management and Ecology，5 (3)：241 – 254.

Ortlepp J，Murle U，2003. Effects of experimental flooding on brown trout (Salmo trutta fario L.)：The River Spol，Swiss National Park [J]. Aquatic Sciences – Research Across Boundaries，65 (3)：232 – 238.

Petty J T，Thorne D，2005. An ecologically based approach to identifying restoration priorities in an acid – impacted watershed [J]. Restoration Ecology. 13 (2)：348 – 357.

Porcher J P，Travade F，1992. Les dispositifs de franchissement：bases biologiques，limites etrappels reglemetaires [J]. Bulletin Francais de Peche et Pisciculture，326 – 327.

Richter B D，Warner A T，Meyer J L，et al.，2006. A collaborative and a-daptive process for developing environmental flow recommendations [J]. River Research and Applications，22（3）：297 – 318.

Rood S B，Samuelson G M. Braatne J H，et al.，2005. Managing river flows to restore floodplain forests [J]. Frontiers in Ecology and the Environment，3（4）：193 – 201.

Resh V H，Rosenberg D M，1984. The ecology of aquatic insects [C] // Butler M G. Life histories of aquatic insects. New York：Praeger Publishers.

Rheinhardt R D，Rheinhardt M C，Brinson M M，Jr K E F，1999. Application of reference data for assessing and restoring headwater ecosystems [J]. Restoration Ecology，7（3）：241 – 251.

Rulifson R，Manooch C I，1993. Roanoke River water flow committee report for 1991 – 1993 [R]. East carolina University.

Ruiz – Jaen M C，Aide T M，2005. Restoration success：how is it being measured? [J]. Restoration Ecology，13（3）：569 – 577.

Sempeski P，Gaudin P，1995. Habitat selection by grayling：spawning habitats [J]. Journal of Fish Biology，47（2）：256 – 265.

Schmidt，J. C. et al.，2001. The 1996 controlled flood in Grand Canyon：flow，sediment transport，and geomorphic change [J]. Ecological Applications，11（3）：657 – 671.

Slack D V，Averett R C，Greeson P E，et al.，1973. Methods for Collecting and Analysis of Aquatic Biological and M icrobiological sample [R]. Washington DC：Techniques of Water Resources Investigations of the U. S. Geological Survey：165.

Svasand T，1998. Cod enhancement studies in norway background and results with emphasis on releases in the period 1983—1990 [J]. Bulletin omarine science，62（2）：313 – 324.

Suess M J，1985. Examination of water for pollution control：a reference handbook. Biological Bacteriological and virological examination [M]. Elmsford，New York：Pergamon Books Inc.

Schiemer F，Baumgartner C，Tockner K，2015. Restoration of floodplain rivers：The 'Danuble restoration project' [J]. River Research and Applica-

tions，15（3）：231－244.

Vannote，R L，Minshall，G W，Cummins，K W，et al.，1980. The river continuum concept ［J］. Canadian Journal of Fisheries and Aquatic Sciences，37（1）：130－137.

Webb B E，Walling D E，1996. Long－term variability in the thermal impact of river impoundment and regulation ［J］. Applied Geography，16（3）：211－223.

Weber C I，1973. Biological field and laboratory methods for measuring the quality of the quality of the surface waters and effluents ［R］. Cincinnati，Ohio：Envionmental Protection Agency.

Wiederholm T，1980. Use of benthos in lake monitoring ［J］. Journal of Water pollution Control Federation，52：537－547.

Yang D，Wei Q，Chen X，et al.，2006. Distribution and movement of Chinese sturgeon，*Acipenser sinensis*，in spawning ground locatied below the Gezhouba Dam during spawning seasons ［J］. Journal of Applied Ichthyology，22（suppl. 1）：145－151.

Abstract

Focusing on the problems faced to river habitat protection in hydropower development, this book introduces the concepts related to river habitat protection and restoration, the top – level design of river habitat protection and restoration, and the river habitat characteristics investigation and simulation analysis methods. Furthermore, this book also elaborates the theory and method of river habitat suitability assessmant, and introduces some actual cases from the macro and micro application levels.

This book can be used as a reference book for those are engaged in scientific research of river habitat protection and restoration, and can also be used as a reference book for teachers and students of relevant professional universities.

Contents

"水科学博士文库" 编后语

　　水科学博士是活跃在我国水利水电建设事业中的一支重要力量，是从事水利水电工作的专家群体，他们代表着水利水电科学最前沿领域的学术创新"新生代"。为充分挖掘行业内的学术资源，系统归纳和总结水科学博士科研成果，服务和传播水电科技，我们发起并组织了"水科学博士文库"的选题策划和出版。

　　"水科学博士文库"以系统地总结和反映水科学最新成果，追踪水科学学科前沿为主旨，既面向各高等院校和研究院，也辐射水利水电建设一线单位，着重展示国内外水利水电建设领域高端的学术和科研成果。

　　"水科学博士文库"以水利水电建设领域的博士的专著为主。所有获得博士学位和正在攻读博士学位的在水利及相关领域从事科研、教学、规划、设计、施工和管理等工作的科技人员，其学术研究成果和实践创新成果均可纳入文库出版范畴，包括优秀博士论文和结合新近研究成果所撰写的专著以及部分反映国外最新科技成果的译著。获得省、国家优秀博士论文奖和推荐奖的博士论文优先纳入出版计划，择优申报国家出版奖项，并积极向国外输出版权。

　　我们期待从事水科学事业的博士们积极参与、踊跃投稿（邮箱：lw@waterpub.com.cn），共同将"水科学博士文库"打造成一个展示高端学术和科研成果的平台。

中国水利水电出版社
水利水电出版分社
2018 年 4 月